JN059368

工学基礎化学実験

静岡大学工学部
共通講座
化学教室 編

学術図書出版社

はじめに

　本書は、工学部の学生がマスターすべき化学実験法についての指導書であり、実験にあたっての注意事項、およびテーマごとの実験目的、実験操作、結果の整理法等について記述している。

　昨今のデジタル家電やデジタルカメラに代表されるデジタル技術の発展には目覚しいものがある。その一方、スマートフォンの操作は得意でも、「コップの中の水をびんに戻せ」と言われると、困ってしまう学生も増えている。我々は、このようなデジタル技術全盛時代であればこそ、ウェットでかつアナログ的な技術を、専攻分野を問わずに教えていく必要性を感じている。これは、デジタル化が難しい微妙な色や臭いの変化などをすばやく感知する人間の能力は、今後とも重要性が減ずることはないと考えているからである。

　このような認識のもと、本書では、「分析化学」、「物理化学」、「有機化学」の分野から計6つの実験テーマを選んだ。さらに、今後ますます重要性が増すと考えられる計算化学に関連したコンピューター演習もテーマとして含めている。そして、工学部の学生として最低限の化学の技術を体得してもらうことを意図している。いずれのテーマも初心者でも2時間程度で終了できるように配慮している。なお、テーマの中にはあえて自動化をしていない部分もある。これは、いつの時代も最先端の実験技術は「手動」が原則であることを踏まえ、少しでも先人の苦労を追体験していただきたいためである。また、複数の実験テーマに共通するピペット、メスフラスコ等の測容器や天秤の基本操作法については、付録にまとめた。

　本書は静岡大学工学部で使用してきた「工学基礎化学実験のテキスト」をもとに編集した。原稿作成には化学教室に在籍した諸先輩の寄与があったことを記して謝意を表したい。また、編集に当たり、写真撮影ほかでご協力いただいた静岡大学技術部の草薙弘樹氏、早川敏弘氏にも感謝いたします。

　2023年10月

静岡大学工学部共通講座化学教室

生駒修治

植田一正

梅本宏信

織田ゆか里

野口良史

平川和貴

宮林恵子

山田眞吉（50音順）

目　次

本文に続けて、次のものが綴じ込んである。いずれもミシン目が入っていて、切り離して利用できるようになっている。

○予習課題 7 枚

　　実験（演習）開始前に問題に答え、実験開始前までに提出する。

○陰イオンの定性分析・第一原理シミュレーション・有機化学演習の「当日レポート」各 1 枚

　　実験（演習）で与えられた課題の解答と、その他指示された項目を記入して提出すること。

　　これらの「当日レポート」は実験（演習）の終了後に提出する。

○点検表 7 枚

　　実験項目別の点検表は、実験の前後で器具、試薬類が実験台上に揃っていることを確認するためのものである。必要事項を記入しながら、各自確認する。

○方眼紙 1 枚

　　「緩衝作用」で使用する。

実験実施にあたっての一般的注意

実験科目は、出席して実験を実施し、決められた期限までに報告書（または当日レポート）を提出して、一つのテーマが終わったことになる。したがって、

(1) 実験課題に対応した予習課題を決められた時間までに提出すること
(2) すべての実験テーマを実施すること
(3) すべての報告書（または当日レポート）を期限までに提出すること

の三点が、単位取得のための大原則である。

実験のある日には

- ○ 保護メガネ
- ○ 実験テキスト
- ○ 実験ノート（下記参照）

を必ず持参すること。これらを忘れると、実験を受講できない場合がある。なお、「有機化学演習」および「第一原理シミュレーション」以外のテーマにおいては、**作業着を持参すること が望ましい。**

1. 実験予定および予習

実験は、装置の都合上、全員が一緒に同じ実験を行うわけではない。実験当日には、事前に予定表で、どの実験を行うかを確認して実験室に出向くこと。

実験に際しては、テキストを予習してくること。予習によって実験の目的と内容をよく理解し、予め実験計画を立てて実験に臨んで欲しい。テキストに従って、ただ機械的に実験操作を行うことは避けるべきである。実験担当教職員の数は学生数に比べてかなり少ない上に、限られた時間内の実験授業であるから、その場での口頭による説明は、必要最小限のものとなる。テキストを読んで分からないことがあったら、あらかじめノートに書き出しておくとよい。

2. 実験ノート（レポート用紙等による代用は認めない）

専用のノートを用意すること。これに観察記録、測定結果や途中の所感を簡明に記入して

おく。紙切れや実験書に書き込むのは、後日散逸してしまう恐れが高いのでよくない。訂正をする場合も消しゴムで消すのではなく、二重線等で後から読めるようにしておく。後になって、貴重なデータとなることがある。専門の実験や卒業研究では、丁寧に実験記録をとることが求められる。この実験を通して、よい習慣を身につけて欲しい。

3. 実験器具と薬品の点検

実験を始める前に

点検表に記載の器具、試薬等が揃っているかを確認する（点検表に「レ印」または「〇印」を付ける）。不足しているものがあれば、実験担当者に申し出て補充を受ける。

実験が終わったら

担当者の指示に従って器具を洗浄し、もう一度器具、試薬類に不足がないかを点検する。点検表に必要事項を記入し、担当者のチェックを受ける。

なお、「替」と記載してある器具は、使用後に洗浄をして濡れた器具を乾いたものと「取り替える」ことを表している。担当者の指示に従って、濡れた器具と乾いた器具とを交換する。器具類を破損したときは、点検表に記入して担当者に申し出た後、補充をして次の実験に支障をきたさないようにする。

点検表はテーマ毎に本書の後半に綴じてあるので、ミシン目で切り離して利用する。

4. 単位系と物理定数

物理量の値は、一般に「数値と単位の積」で表現される。例えば「一円玉の直径は 20 mm である」と表現する。ここで、単に「直径は 20 である」と表現したのでは、一円玉を見たことがない人にとっては、20 mm なのか、20 cm なのか、20 インチなのか、判断できない。現在、科学技術の世界ではメートル法を基本とした**国際単位系(SI)**を使うことが推奨されている。ただし、学問分野や各国の実情により、慣用的に使用されてきた単位と併用されることもある。なお、SI とはフランス語の Le Système International d'Unités の略である。

以下に、国際純正・応用化学連合 IUPAC の資料に基づいた SI 基本単位と組立単位、接頭語および重要な物理定数を掲げる。本実験とは直接関係のないものもあるが、今後の参考となるであろう。

本書では、原則として SI を使用するが、例外的に溶液の濃度については M（モーラーまたはモル濃度；$1\,M = 1\,mol\,dm^{-3} = 1\,mol\,L^{-1}$）を用いる場合がある。また、日本工業規格（JIS R3505）で「ガラス製体積計の容積は ml で表す」と定められているので、ピペット等の使用するガラ

ス器具の単位は ml（ミリリットル）で表示されているが、体積の単位として cm^3 と ml とは同じものである。

SI 基本単位

物理量	量の記号	SI 単位の名称	単位の記号
長さ	l	メートル	m
質量	m	キログラム	kg
時間	t	秒	s
電流	I	アンペア	A
熱力学温度 （絶対温度）	T	ケルビン	K
物質量 [a]	n	モル	mol
光度	I_v	カンデラ	cd

a: モルという単位は原子や分子のみならず、電子や光子にも用いることができる。

固有の名称と記号をもつ SI 組立単位

物理量	SI 単位の名称	記号	SI 基本単位による表現
振動数	ヘルツ	Hz	s^{-1}
力	ニュートン	N	$m\ kg\ s^{-2}$
圧力、応力	パスカル	Pa	$m^{-1}\ kg\ s^{-2} = N\ m^{-2}$
エネルギー、仕事	ジュール	J	$m^2\ kg\ s^{-2} = N\ m$
仕事率	ワット	W	$m^2\ kg\ s^{-3} = J\ s^{-1}$
電荷	クーロン	C	$s\ A$
電位差、電圧	ボルト	V	$m^2\ kg\ s^{-3}\ A^{-1} = J\ C^{-1}$
静電容量	ファラド	F	$m^{-2}\ kg^{-1}\ s^4\ A^2 = C\ V^{-1}$
電気抵抗	オーム	Ω	$m^2\ kg\ s^{-3}\ A^{-2} = V\ A^{-1}$
コンダクタンス	ジーメンス	S	$m^{-2}\ kg^{-1}\ s^3\ A^2 = \Omega^{-1}$
磁束	ウェーバ	Wb	$m^2\ kg\ s^{-2}\ A^{-1} = V\ s$
磁束密度	テスラ	T	$kg\ s^{-2}\ A^{-1} = V\ s\ m^{-2}$
インダクタンス	ヘンリー	H	$m^2\ kg\ s^{-2}\ A^{-2} = V\ A^{-1}\ s$
セルシウス温度 [a]	セルシウス度	℃	K
平面角	ラジアン	rad	1
立体角	ステラジアン	sr	1

a: セルシウス温度は基本単位の積や商では表わせず、$\theta / ℃ = T/K - 273.15$ で定義される。

SI 接頭語

倍数	接頭語	記号	倍数	接頭語	記号
10	デカ	da	10^{-1}	デシ	d
10^2	ヘクト	h	10^{-2}	センチ	c
10^3	キロ	k	10^{-3}	ミリ	m
10^6	メガ	M	10^{-6}	マイクロ	μ
10^9	ギガ	G	10^{-9}	ナノ	n
10^{12}	テラ	T	10^{-12}	ピコ	p
10^{15}	ペタ	P	10^{-15}	フェムト	f
10^{18}	エクサ	E	10^{-18}	アト	a
10^{21}	ゼタ	Z	10^{-21}	ゼプト	z
10^{24}	ヨタ	Y	10^{-24}	ヨクト	y

（注）10^3 kg や 10^{-6} kg のことは 1 kkg とか 1μkg とは書かずにそれぞれ 1 Mg、1 mg と記述する。また、接頭語と単位の間にスペースをあけてはならない。例えば、m V と記述すると、これはミリボルトではなく、メートル×ボルトという意味になる。

基本物理定数の値

物理量	記号	数値	単位
真空中の光速度 [a]	c	2.99792458×10^8	m s^{-1}
電気素量 [a]	e	$1.602176634 \times 10^{-19}$	C
プランク定数 [a]	h	$6.62607015 \times 10^{-34}$	J s
アボガドロ定数 [a]	N_A, L	$6.02214076 \times 10^{23}$	mol^{-1}
ボルツマン定数 [a]	k	1.380649×10^{-23}	J K^{-1}
気体定数 [b]	$R = kN_A$	8.31446261815324	J K^{-1} mol^{-1}
ファラデー定 [b]	$F = eN_A$	$9.64853321233100184 \times 10^4$	C mol^{-1}
標準大気圧 [a]	atm	101325	Pa
真空の透磁率	μ_0	$1.25663706212 \times 10^{-6}$	N A^{-2}
真空の誘電率	$\varepsilon_0 = 1/\mu_0 c^2$	$8.8541878128 \times 10^{-12}$	F m^{-1}
電子の質量	m_e	9.109382×10^{-31}	kg
陽子の質量	m_p	1.672622×10^{-27}	kg
中性子の質量	m_n	1.674927×10^{-27}	kg
原子質量定数	m_u	1.660539×10^{-27}	kg
水の三重点	$T_{tp}(H_2O)$	273.16	K

a：定義された厳密な値

b：定義された厳密な値の積

実験室における注意と災害に対する措置

1. 実験は真面目な態度で行わなければならない。実験中は実験に専念すること。

2. 実験を失敗したら、必ず担当者に相談する。

3. 実験台は清潔に保ち、常に整理、整頓を心掛ける。

4. 器具類は常に清浄に保ち、汚れたものは使用しない。

5. 試験管でものを加熱するとき、開口部をとなりの人に向けてはならない。本学生実験ではこのような加熱はしないが、一般的な注意事項として覚えておくこと。

6. 試薬を扱ったあとは手洗いを励行する。特に、劇毒物薬品を使用するような際にはこの注意を忘れてはならない。

7. 薬品が目に入ったら、ただちに多量の水で洗い、すぐに担当者に知らせる。担当者の判断で、保健管理センターに出向いて処置を受ける。なお、このような事故を未然に防ぐために**保護メガネを着用することが望ましい。**

8. ヒビが入っていたり、破損したりしているガラス器具は使用しない。破損した器具を見つけた場合、担当者に知らせる。

9. ガラスによる負傷や火傷は、直ぐに、患部をよく水道水で洗って付着した薬品類を落とし、火傷の場合には冷たい水を流してから、担当者に知らせる。

10. 薬品が衣服についたら直ちに多量の水で洗い、必要に応じて担当者に知らせる。実験室には、多量の薬品を浴びたような時のために、シャワーが備えられている。ただし、緊急時以外はさわらないこと。

11. 着衣に器具類を引っ掛けないように配慮する。薬品類の飛散から肌を守るため、作業着、安全靴の着用を推奨する。半ズボン、ミニスカート等の着用は推奨しない。特に、**サンダル等の露出部の大きい履物は禁止する**。服装については、担当者から改善を求められることがある。

12. 薬品を含む廃液は流しには流さずに回収する。有害廃液を流しに捨てる行為は論外である。容器をすすいだ後の廃液は、一回目および二回目のものは回収し、原則として三回目

以降のすすぎ水は流しに流す。すすぎに使う水は必要最少量にとどめ、廃液をむやみに希釈しないように心掛ける。廃液回収容器は、実験台もしくは実験室内に常備されている。

　なお、本学生実験では該当しないが、実験の種類によっては、三回目以降のすすぎ水も回収する場合もある。次ページに、参考のために下水道法による排出基準を掲げる。

13. 使用する試薬の量は必要最小限にとどめる。

14. 紙くず、ガラスの破片など、ごみを捨てるときは決められた容器に入れる。定性分析で使用したろ紙は、汚染紙として、一般の紙くずとは区別する。廃棄ごみ、有害廃液の処分方法については、大学や自治体ごとに分類方法、廃棄場所、廃棄日時等について決められたルールがある。

15. 地震や火災が発生した場合には、落ち着いて担当者の指示に従うこと。むやみに出口に殺到するようなことはしない。

16. 停電の場合には、すべての電気製品のスイッチを切る。出力調整つまみのあるものは、つまみを最小にし、復旧を待つ。

17. **実験室内**（化学実験室の建物内）**では、ガムも含め、一切飲食をしてはならない。**これには、「誤って有害物質を摂取しないように」という意味と「実験環境を清浄に保つ」という二重の意味がある。ペットボトル入りの飲料等を持ち込む際は鞄等の中にしまう。これらは、すべての実験室に共通するルールである。

下水道法による排出基準 [a]（許容最高濃度）

規制物質	濃度（ppm）[b]
カドミウムおよびその化合物	0.03
シアン化合物	1
有機リン化合物	1
鉛およびその化合物	0.1
六価クロム化合物	0.5
ヒ素およびその化合物	0.1
総水銀化合物	0.005
アルキル水銀化合物	検出されないこと
pH	5.8〜8.6 [c]
BOD（生物化学的酸素要求量）	160（日間平均 120）
浮遊物質量	200（日間平均 150）
ヘキサン抽出物（動植物油脂類）	30
ヨウ素消費量	220
銅およびその化合物	3
亜鉛およびその化合物	2
鉄およびその化合物（溶解性）	10
マンガンおよびその化合物	10
全クロム化合物	2
フッ素化合物	8
セレンおよびその化合物	0.1
フェノール類	5
トリクロロエテン	0.1
テトラクロロエテン	0.1
1,1,2-トリクロロエタン	0.06
1,2-ジクロロエタン	0.04
ベンゼン	0.1

a：抜粋であり、これですべてではない。

b：ppm は $mg \ kg^{-1}$ であるが、希薄水溶液では $mg \ dm^{-3}$ に置き換えられる。

c：単位なし

試薬について

　本学生実験では、溶液の試薬はすべて濃度調製済みであり、自分で調製する必要はない。しかし、一般に、希塩酸や希硫酸を使いたい際には、市販の濃塩酸や濃硫酸を自分で希釈して使用しなければならない。そのような際の参考とするため、以下に市販の濃塩酸等の濃度を表にまとめておく。

市販の酸、アルカリの濃度

試薬	含量（質量%）	濃度（M）
濃塩酸 [a]	36	12
濃硫酸 [b]	96	18
濃硝酸 [a]	61	14
氷酢酸 [a, c]	99.5	17
濃アンモニア水 [a, d]	28	15

a: 揮発性であるため、希釈等の扱いは必ずドラフトの中で行わなければならない。

b: 希硫酸を作る際には、水の中に濃硫酸をゆっくりと注ぐ。絶対に濃硫酸の中に水を入れてはならない。これは、希釈が発熱過程であり、より比熱容量の大きい水が多量に存在する条件下で混合させるためである。濃硫酸の中に水を注ぐと希釈熱のため水が沸騰し、飛び散ったり、急激な発熱のため容器が破損したりする。また、濃硫酸は脱水作用があるため、皮膚や服にはつかないように注意する。

c: 濃硫酸ほどではないが、皮膚に触れるとやけどをすることがあるので注意する。刺激臭があるので、直接臭いはかがない。なお、高濃度の酢酸を濃酢酸とは言わずに氷酢酸と呼ぶのは、酢酸の凝固点が 16.6 ℃で、容易に凝固するからである。

d: 酢酸同様に刺激臭があるので、直接臭いをかがないようにする。また、アンモニア水から発生するアンモニアガスは有毒なので注意する。

毒劇物

　化学の実験では、毒物（許容濃度 500 ppm（4 hr）以下または経口致死量 50 mg/kg 体重以下）や劇物（許容濃度 500〜2500 ppm（4 hr）または経口致死量 50〜300 mg/kg 体重）を使用する場合もある。本学生実験では、「比色分析」で使用する硝酸（8 M）などが劇物に該当する。よって、扱いは慎重に、かつドラフト内で行うようにする。

報告書の書き方

報告書には、テーマ名、実験実施日、提出日、学籍番号、氏名等のほか、次の項目を書く。

実験目的 実験の目的を簡潔に要約する。テキスト本文をそのまま転記する必要はない。

実験操作 テキストの記載通りに行った場合は、主要な点を要約する。記載事項のすべてを書き写す必要はないが、担当者の指示により、テキストと違う方法で行った場合には、その方法を具体的に書く。過去形で記載すること。

結　果

- 個々の測定値をすべて記す。明らかに測定ミスによると判断できる測定値は、データ処理（例えば、平均値を求める）に当たり除外する。計算が必要な場合には、計算式および途中の計算を省いてはならない。

- **有効数字に注意すること**。一般に、測定値の精度以上の精度の結果が出ることはあり得ない。（有効数字については、梅本宏信編「基礎から学ぶ大学の化学」培風館、（2011）．等を参照せよ。）また、**単位は忘れずに記載すること**。

- グラフは、測定値をすべてプロットする。グラフの縦軸、横軸には目盛りと単位を必ず記入する。測定点は、比較的大きく〇、△などで記入する。

- 観察事項（色、臭気、沈殿の状態など）を、考察に必要であれば正確に記入する。

考　察

- 報告書のうちで最も重要な部分である。
- 得られた結果（数値など）を、文献値などと比較し、各自の実験操作を踏まえて検討する。
- 誤差の原因の検討、実験操作の妥当性等についても書く。
- 引用した数値や文献などは、出所を明らかにすること。
- 考察と感想は異なるが、考察の後に感想を書いてもよい。

課　　題

- 指示に従って、各実験項目の末尾に与えられた課題に答える。図書館には、これらの課題を調べる上で参考にできる図書が所蔵されている。
- Web サイトの記事の貼り付けは評価しない。それを使用する場合には、内容を理解した上で、自らの言葉で再構成をして使用すること。

次ページに報告書作成の際に必要となるであろう原子量を表にまとめる。

元素の原子量　　（　）内は安定同位体がない元素で既知の同位体の質量数の例

原子番号	元素記号	原子量	原子番号	元素記号	原子量	原子番号	元素記号	原子量	原子番号	元素記号	原子量
1	H	1.008	29	Cu	63.546	57	La	138.905	85	At	(210)
2	He	4.003	30	Zn	65.38	58	Ce	140.116	86	Rn	(222)
3	Li	6.9~7.0	31	Ga	69.723	59	Pr	140.908	87	Fr	(223)
4	Be	9.012	32	Ge	72.63	60	Nd	144.242	88	Ra	(226)
5	B	10.8	33	As	74.922	61	Pm	(145)	89	Ac	(227)
6	C	12.01	34	Se	78.96	62	Sm	150.36	90	Th	232.038
7	N	14.01	35	Br	79.904	63	Eu	151.964	91	Pa	231.036
8	O	16.00	36	Kr	83.798	64	Gd	157.25	92	U	238.029
9	F	18.998	37	Rb	85.468	65	Tb	158.925	93	Np	(237)
10	Ne	20.180	38	Sr	87.62	66	Dy	162.500	94	Pu	(239)
11	Na	22.990	39	Y	88.906	67	Ho	164.930	95	Am	(243)
12	Mg	24.305	40	Zr	91.224	68	Er	167.259	96	Cm	(247)
13	Al	26.982	41	Nb	92.906	69	Tm	168.934	97	Bk	(247)
14	Si	28.1	42	Mo	95.96	70	Yb	173.054	98	Cf	(252)
15	P	30.974	43	Tc	(99)	71	Lu	174.967	99	Es	(252)
16	S	32.1	44	Ru	101.07	72	Hf	178.49	100	Fm	(257)
17	Cl	35.4~35.5	45	Rh	102.906	73	Ta	180.948	101	Md	(258)
18	Ar	39.948	46	Pd	106.42	74	W	183.84	102	No	(259)
19	K	39.098	47	Ag	107.868	75	Re	186.207	103	Lr	(262)
20	Ca	40.078	48	Cd	112.411	76	Os	190.23	104	Rf	(267)
21	Sc	44.956	49	In	114.818	77	Ir	192.217	105	Db	(268)
22	Ti	47.867	50	Sn	118.710	78	Pt	195.084	106	Sg	(271)
23	V	50.942	51	Sb	121.760	79	Au	196.967	107	Bh	(272)
24	Cr	51.996	52	Te	127.60	80	Hg	200.59	108	Hs	(277)
25	Mn	54.938	53	I	126.904	81	Tl	204.4	109	Mt	(276)
26	Fe	55.845	54	Xe	131.293	82	Pb	207.2	110	Ds	(281)
27	Co	58.933	55	Cs	132.905	83	Bi	208.980	111	Rg	(280)
28	Ni	58.693	56	Ba	137.327	84	Po	(210)	112	Cn	(288)

ガラス器具使用に関する注意

1. 本書では、"洗浄する"とは、水道水でよく洗ってからイオン交換水でゆすぐことである。なお、有機化学実験の場合には、特に断りがない限り、水道水で洗浄するだけでよい。

2. ピペット、ビュレット、メスフラスコなどの使用法は、「付録」に詳述されているので、そちらを参照すること。

3. 標準溶液や既知濃度の溶液をピペットやビュレットで採取する際、溶液の濃度を変化させないためにこれら器具類の"共洗い（ともあらい）"を行う。
   例えば、次のように操作する。先ず、きれいに洗って乾燥した小出し用のビーカーに扱う溶液を少量採る。この溶液を、イオン交換水で洗浄済みのピペットあるいはビュレット（ガラスの壁面が濡れたままである）に移して、内壁を"ゆすぎ洗い"する（この操作を"共洗い"と呼ぶ）。これを二、三回繰り返した後、標準溶液、既知濃度溶液、あるいは濃度を決定しようとする溶液などを採取する。

4. 活栓付ビュレットは、コックをはずさないこと。また、使用後はよく洗浄し、ビュレットの先端までイオン交換水を満たして、スタンドに立てておく。なお、「反応速度定数と活性化エネルギー」で使用するガスビュレットでは、後片付けのときに水を捨てる。

5. 破損などのためガラス器具類を補充する場合は、必ず担当者に申し出た後に行う。勝手に補充してはいけない。

6. 実験終了後は、すべてのガラス器具を洗浄し、点検表で器具の点数を確認する。乾燥した器具と取り替える必要があるものには、点検表に「替」と明記されているので、実験担当者の指示に従って濡れた器具を返却し、乾いた器具を受け取る。

1. 陰イオンの定性分析

○この実験で使用する器具

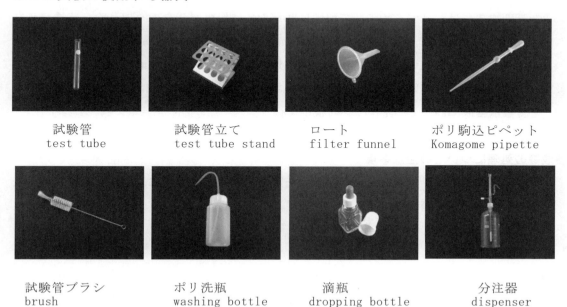

| 試験管
test tube | 試験管立て
test tube stand | ロート
filter funnel | ポリ駒込ピペット
Komagome pipette |

| 試験管ブラシ
brush | ポリ洗瓶
washing bottle | 滴瓶
dropping bottle | 分注器
dispenser |

分注器の使い方については、付録 A. 8. 1 参照

1.1 実験目的

　沈殿の生成反応を利用する無機陰イオンの定性分析法を習得し、その結果を未知試料の分析に応用する。

1.2 原理

　硫酸ナトリウムと塩化ナトリウムの水溶液を識別するにはどうしたらよいだろうか。どちらも無色である。炎色反応では、両者ともナトリウムだけが検出される。pH を測定しても、ともに中性である。この場合、微量の硝酸銀水溶液を加えることで両者を容易に識別できる。硫酸ナトリウムでは沈殿は生じないが、塩化ナトリウムでは塩化銀の白色沈殿が生成する。

$$NaCl + AgNO_3 \rightarrow NaNO_3 + AgCl\downarrow$$

　では、硫酸ナトリウムと炭酸ナトリウムの水溶液はどのようにして識別できるだろうか。この場合、硝酸銀では、どちらも沈殿は生じない。塩化バリウムを加えると両方とも白色沈

13

殿（硫酸バリウムと炭酸バリウム）が生じる。

$$Na_2SO_4 + BaCl_2 \rightarrow 2NaCl + BaSO_4\downarrow$$

$$Na_2CO_3 + BaCl_2 \rightarrow 2NaCl + BaCO_3\downarrow$$

両者を識別するには、硝酸を添加して酸性にしたのちに塩化バリウムを加える。硫酸バリウムは酸性でも溶けないが、炭酸バリウムは酸性溶液では溶けるので識別が可能となる。

　このような手法を駆使することにより、多種類のイオンが混在する溶液においても、どのようなイオンが含まれているかを知ることができる。本実験においては、Cl^-、CO_3^{2-}、PO_4^{3-}、SO_4^{2-}を含む水溶液について、陰イオンの検出を行う。

廃液等の処理についての注意事項
　　環境保全のために、実験廃液は指定された廃液用のポリタンクに、沈殿をろ過したろ紙は指定された回収箱に捨てる。

1.3　実験操作
　Cl^-、CO_3^{2-}、PO_4^{3-}、SO_4^{2-}それぞれについて Ag^+、Ba^{2+} との沈殿生成反応を観察する。その結果をもとに、これら4種類の無機陰イオンを同時に含む混合試料から Cl^-、PO_4^{3-} および SO_4^{2-} を検出する方法を習得する。この方法を無機陰イオン未知試料（CO_3^{2-} に加えて Cl^-、PO_4^{3-}、SO_4^{2-} の内からいくつかを含む）の分析に応用する。なお、ここで使用する Cl^-、CO_3^{2-}、PO_4^{3-}、SO_4^{2-} の溶液はすべてナトリウム塩から調製してある。

　試験管内の溶液に窒素ガスを通気する場合があるが、通気の方法は、担当者から指示に従う。

1.3.1　各無機陰イオンの沈殿生成反応
　Cl^-、CO_3^{2-}、PO_4^{3-}、SO_4^{2-} を同時に含む混合試料から Cl^-、PO_4^{3-} および SO_4^{2-} を検出する方法を理解するために、まず、それぞれの陰イオンと Ag^+ および Ba^{2+} との沈殿生成反応を観察する。

1.3.1.1　Ag^+ との反応
　洗浄した4本の試験管それぞれにイオン交換水 1 cm^3（試験管の深さの 1/6 程度；以下同じ）、6 M硝酸1滴と1 M硝酸銀1滴をとり、よく振り混ぜる。0.2 Mの Cl^-、CO_3^{2-}、PO_4^{3-}、SO_4^{2-} の各試料溶液1滴ずつを別々の試験管に加えてよく振り混ぜ、沈殿生成反応を観察する。

1.3.1.2　Ba²⁺との反応（その1）

　洗浄した4本の試験管それぞれにイオン交換水1 cm³、6 M硝酸1滴と1 M塩化バリウム1滴をとり、よく振り混ぜる。0.2 MのCl^-、CO_3^{2-}、PO_4^{3-}、SO_4^{2-}の各試料溶液1滴ずつを別々の試験管に加えてよく振り混ぜ、沈殿生成反応を観察する（この硝酸酸性でのCl^-、CO_3^{2-}、PO_4^{3-}、SO_4^{2-}の主要な存在種はCl^-、H_2CO_3、H_3PO_4、HSO_4^-である）。

1.3.1.3　Ba²⁺との反応（その2）

　洗浄した4本の試験管それぞれにイオン交換水1 cm³、アンモニア緩衝液（3 Mアンモニア＋3 M硝酸アンモニウム；以下同じ）1滴と1 M塩化バリウム1滴をとり、よく振り混ぜる。0.2 MのCl^-、CO_3^{2-}、PO_4^{3-}、SO_4^{2-}の各試料溶液1滴ずつを別々の試験管に加えてよく振り混ぜ、沈殿生成反応を観察する（このアンモニア緩衝液中でのCl^-、CO_3^{2-}、PO_4^{3-}、SO_4^{2-}の主要な存在種はCl^-、HCO_3^-、HPO_4^{2-}、SO_4^{2-}である）。

1.3.1.4　Ba²⁺との反応（その3）

　洗浄した4本の試験管それぞれにイオン交換水1 cm³と6 M硝酸1滴をとり、よく振り混ぜる。0.2 MのCl^-、CO_3^{2-}、PO_4^{3-}、SO_4^{2-}の各試料溶液1滴ずつを別々の試験管によく振り混ぜながら加えた後、それぞれの試験管内の溶液に各々1分間程度窒素ガスを穏やかに通気する。それぞれの試験管にまずアンモニア緩衝液4滴ずつを、次いで1 M塩化バリウム1滴ずつを加えて、その都度よく振り混ぜ、沈殿生成反応を観察する。

1.3.1.5　個別反応のまとめ

　沈殿生成が認められた反応には ＋ の記号を、認められなかった反応には －の記号を巻末の「当日レポート」の表1に記入し、担当者の検閲を受ける。

1.3.2　各無機陰イオンの検出

　1.3.1の結果をもとに、Cl^-、CO_3^{2-}、PO_4^{3-}、SO_4^{2-}を同時に含む混合試料からCl^-、PO_4^{3-}およびSO_4^{2-}を検出する操作を習得する。この操作では、ゼラチン状の沈殿がゆっくりと少量生成するだけの場合があるので、沈殿生成の判断は注意深く行う。また、この操作は未知試料の分析に応用するので、担当者の検閲を受けることを求めないが、実験実施後、当日レポートの「確認欄」にチェックを入れること。

1.3.2.1 Cl⁻の検出

洗浄した 1 本の試験管にイオン交換水 1 cm³、6 M硝酸 1 滴と 1 M硝酸銀 1 滴をとり、よく振り混ぜる。CO_3^{2-}、PO_4^{3-}、SO_4^{2-}、Cl⁻の順序で 0.2 Mの各試料溶液 1 滴ずつをこの試験管に順次加え、その都度よく振り混ぜる。Cl⁻を加えた場合だけ沈殿が生成するのを確認する。

1.3.2.2 PO_4^{3-}の検出

洗浄した 1 本の試験管にイオン交換水 2 cm³、6 M硝酸 2 滴と 1 M塩化バリウム 2 滴をとり、よく振り混ぜる。0.2 MのCl⁻、CO_3^{2-}、PO_4^{3-}、SO_4^{2-}の各試料溶液 2 滴ずつをこの試験管に順次加え、その都度よく振り混ぜる（1 回のろ過によって約 1 cm³の溶液がろ紙に吸収されることを考慮して、採取あるいは添加する溶液の体積を 2 倍にしてある）。沈殿が沈降し始めるまでしばらく待った後、試験管の中身を洗浄済みの別の試験管へろ過する。その際、ろ紙をイオン交換水で濡らすことはしない。ろ液に 1 分間程度窒素ガスを穏やかに通気した後、アンモニア緩衝液 6 滴を加え、よく振り混ぜる。この操作で沈殿が生成する（白濁する）ことから PO_4^{3-}の検出ができる（この沈殿は量や性状が他の沈殿と比べて異なるので、その違いを注意深く観察しておく）。

1.3.2.3 SO_4^{2-}の検出

洗浄した 1 本の試験管にイオン交換水 1 cm³、6 M硝酸 1 滴と 1 M塩化バリウム 1 滴をとり、よく振り混ぜる。Cl⁻、CO_3^{2-}、PO_4^{3-}、SO_4^{2-}の順序で 0.2 Mの各試料溶液 1 滴ずつをこの試験管に順次加え、その都度よく振り混ぜる。SO_4^{2-}を加えた場合にだけ沈殿が生成することを確認する。

1.3.3 無機陰イオン未知試料の分析

（注）分注器は、<u>注入口に試験管を近づけてから、最上部をピストンが止まるところまでゆっくりと引き上げ、ピストンが止まるまでゆっくりと押し下げる。これで規定容量が採取できるように設定してある。</u>

分注器に入った 3 種類の未知試料（あ）、（い）、（う）のうちから、まず 1 つを試験管に 1 cm³取る。ここから、以下の操作にしたがって所定の滴数を駒込ピペットで加える。1 つの未知試料について 1.3.3.1～1.3.3.3 の操作を行って「当日レポート」の表 2 に記入してから、次の未知試料にとりかかる。未知試料によっては記載の操作で沈殿が生成しない場合がある。その場合には、ろ過を省略して先の操作に進む。

1.3.3.1　Cl⁻の検出

　洗浄した試験管にイオン交換水 1 cm^3、6 M 硝酸 1 滴と 1 M 硝酸銀 1 滴をとり、よく振り混ぜる。未知試料溶液 1 滴を駒込ピペットでこの試験管に加え、よく振り混ぜる。沈殿が生成すれば Cl⁻ が検出されたことになる。

1.3.3.2　PO₄³⁻の検出

　洗浄した試験管にイオン交換水 2 cm^3、6 M 硝酸 2 滴と 1 M 塩化バリウム 2 滴をとり、よく振り混ぜる。未知試料溶液 3 滴を駒込ピペットでこの試験管に加え、よく振り混ぜる。液が白濁した場合には沈降を待って、試験管の中身を洗浄済みの別の試験管へろ過し（沈殿が生じない場合はろ過を省略し、以下の操作を行う。）、ろ液に 1 分間程度窒素ガスを穏やかに通気した後、アンモニア緩衝液 6 滴を加え、よく振り混ぜる。沈殿が生成すれば PO₄³⁻ が検出されたことになる（沈殿の量や性状については、1.3.2.2 での観察を参考に）。

1.3.3.3　SO₄²⁻の検出

　洗浄した試験管にイオン交換水 1 cm^3、6 M 硝酸 1 滴と 1 M 塩化バリウム 1 滴をとり、よく振り混ぜる。未知試料溶液 1 滴を駒込ピペットでこの試験管に加え、よく振り混ぜる。沈殿が生成すれば SO₄²⁻ が検出されたことになる。

1.3.3.4　無機陰イオン未知試料の分析のまとめ

　検出された陰イオンには ＋ の記号を、検出されなかった陰イオンには － の記号を巻末の「当日レポート」の表 2 に記入し、担当者の検閲を受ける。

2. 比色分析《真ちゅう釘中の銅の定量》

○この実験で使用する器具

安全ピペッター
safety pipetter

ポリ洗瓶
washing bottle

プラスチック製角セル
absorption cell

ビーカー
beaker

メスフラスコ
volumetric flask

ホールピペット
transfer pipette

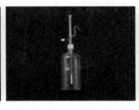

分注器
dispenser

コニカルチューブ
conical tube

電子天秤
electronic balance

分光光度計
spectrophotometer

マイクロピペット
micropipette

ピペット、安全ピペッターの使い方については、付録A.5参照

天秤の使い方については、付録A.7参照

分注器の使い方については、付録A.8.1参照

メスフラスコの使い方については、付録A.8.2参照

2.1 実験目的

比色分析は、試料溶液の目的成分に関連した色調の濃淡によって試料を定量する分析法である。本実験では、銅（Ⅱ）イオン水溶液の吸収スペクトル測定により吸収極大波長（λ_{max}）を求め、濃度既知の銅イオン水溶液の λ_{max} における吸光度測定により濃度と吸光度の関係曲線（検量線）を作成する。得られた検量線を用い、真ちゅう釘中に含まれる銅濃度の吸光度測定を通じて、未知試料の定量方法の習得を目的とする。

2.2 実験原理

Cu^{2+} の水溶液に過剰量のアンモニアを加えると深い青紫色に発色する。水溶液中で、ヘキサアクア銅（Ⅱ）イオン $[Cu(H_2O)_6]^{2+}$ からテトラアンミン銅（Ⅱ）イオン $[Cu(NH_3)_4]^{2+}$ が生成したためである。ここで、水分子あるいはアンモニア分子は、金属イオンに配位したとき、アクア配位子、アンミン配位子とよばれる。エチレンジアミンを添加しても同様な発色が観察できる。このように錯形成（金属元素の陽イオンに、数個の分子やイオンが配位結合して錯体を形成すること）が起きると、配位子により銅（Ⅱ）イオンの水溶液は色が変化する。すなわち、水分子が配位した場合と、アンモニア（もしくはエチレンジアミン）分子が配位した場合とでは色が異なる。本実験では溶液の色調の濃淡を、分光光度計を用いた吸光光度法により測定する。吸光光度法の原理を以下に示す。

長さ l の物質層で、光の吸収が起こるとする。光が x だけ進んだところでの強度を $I(x)$、$x + dx$ だけ進んだところでの強度を $I(x+dx)$ とすると、

$$I(x) - I(x+dx) = kI(x)dx \qquad (1)$$
$$-dI(x) = kI(x)dx \qquad (2)$$

が成立する。ここで k は物質によって決まる定数である。この微分方程式を解くと

$$I(x) = I(0)\exp(-kx) \qquad (3)$$

となる。入射光強度 $I(0)$ と透過光強度 $I(l)$ の比（透過率）を考えると

$$\frac{I(l)}{I(0)} = \exp(-kl) \qquad (4)$$

となる。これをランベルトの法則という。希薄溶液の場合、k は濃度 c に比例する。これをベールの法則といい、二つをあわせてランベルトーベールの法則という。

$$k = \alpha c \qquad (5)$$

とするとランベルトーベールの法則は

$$\frac{I(l)}{I(0)} = \exp(-\alpha c l) = e^{-\alpha c l} = 10^{-\alpha c l / \ln 10} \qquad (6)$$

と書ける。$\varepsilon = \alpha/\ln 10$ を吸光係数、$\varepsilon c l$ を吸光度と呼ぶ（ln（エルエヌ）は自然対数）。さらに、濃度として、モル濃度を用いるとき、ε をモル吸光係数と呼ぶ。モル吸光係数の単位には通常 $M^{-1}\ cm^{-1}$ を用いる。銅（II）イオンの場合、上述のアクア錯イオンでは $\varepsilon \approx 10\ M^{-1}\ cm^{-1}$ であるのに対して、アンミン錯イオンが形成されると $\varepsilon \approx 50\ M^{-1}\ cm^{-1}$ になる。すなわち、同じ銅イオン濃度で比較すると、アンモニア分子が配位することによって色の濃さが 5 倍になると考えてよい。

2.3　実験操作

（注）銅標準溶液、分注器、天秤、ホットプレート、プリンターの設置場所を確認する。

（注）各組内で点検表の確認が終わったら、PC デスクトップ上にある"安全ピペッターとホールピペット"と"メスフラスコによる溶液の希釈"の 2 つのムービーを視聴する。

（注）付録の A.5.3 マイクロピペットによる液体の採取を読み操作法を確認する。

（注）調製したメスフラスコ内の各溶液は、測定スペクトルの点検が終了するまで残しておく。

2.3.1　ヘキサアクア銅（II）イオン水溶液およびテトラアンミン銅（II）イオン水溶液の吸収スペクトルの測定とテトラアンミン銅（II）イオン水溶液による検量線の作成

〇　検量線用の溶液の調製（3 種の異なる濃度の溶液の調製）
1. 0.05 M 銅（II）標準溶液（以下標準溶液と記載）を 50 cm³ コニカルチューブの 20 cm³ の目盛りまで採取する。

（注）報告書作成に必要なため、ポリ容器に記された濃度とファクター（f）を記録する。
2. メスフラスコ内のイオン交換水を流しに捨て、25 cm³ メスフラスコ 3 本へマイクロピペットを用いて標準溶液をそれぞれ 1.00、3.00、5.00 cm³ 採取する。

（注）コニカルチューブを実験台に置きピペットの先端が液面より下になっていることを確認しながら溶液を採取する。
3. 標準溶液を添加した 3 本のメスフラスコへ、分注器（右側のドラフト内）から 6 M アンモニア水を 10 cm³ ずつ加える。

（注）分注器は、規定容量が採取できるように設定してある。**注入口にメスフラスコを近づけてから、ピストンが止まるところまでゆっくりと引き上げた後、ピストンが止まるまでゆっくりと押し下げる。容量設定のためのつまみは触らない。**

4. それぞれのメスフラスコの標線までイオン交換水を加え、栓をして良く混合する。標線を超えた場合は、その濃度について溶液を再調製する。再調製の際には、調製した溶液を廃液瓶へ捨て、メスフラスコをイオン交換水で洗浄する。一次洗浄液および二次洗浄液は廃液瓶に捨て、さらに数回イオン交換水で洗浄の後、再調製する。

5. プラスチック製角セル 3 本へ、4. で調製したそれぞれの溶液を高さ 5 分の 4 程度まで入れる。溶液を入れる際は、メスフラスコから直接プラスチック製角セルへ移す。

6. コニカルチューブ内の標準溶液を 3.00 cm^3 のマイクロピペットを用いてプラスチック製角セルへ入れる。

7. ブランクとしてイオン交換水をプラスチック製角セルへ入れる。

○　0.05 M 銅（Ⅱ）標準溶液とテトラアンミン銅（Ⅱ）イオン水溶液の吸収極大波長（λ_{max}）の測定

8. 分光光度計の操作法に従い、分光器のソフトウェアを立ち上げる。

9. 分光光度計の操作法に従い、標準溶液とテトラアンミン銅（Ⅱ）イオン水溶液（標準溶液を 5.00 cm^3 添加した溶液）の吸収スペクトルをそれぞれ測定し、スペクトルを組の人数分プリントアウトして、上部の欄に各溶液の吸収極大波長と、その波長における吸光度を記録する。

（注）PC にラベルされた番号のプリンターからスペクトルが出力される。

○　検量線の作成

10. 5. で調製した濃度の異なる溶液が入った 3 本の角セルおよびイオン交換水が入った角セル（合計 4 本）について、吸収極大波長（9. で測定したテトラアンミン銅（Ⅱ）イオン水溶液（銅（Ⅱ）標準溶液を 5.00 cm^3 添加した溶液）の λ_{max}）における吸光度を測定し検量線を作成する。検量線の作成は、分光光度計の操作法に従う。

（注）真ちゅう釘の結果も含めて印刷するため、ここでは印刷しない。

2.3.2 真ちゅう釘中の銅の定量

1. 分析電子天秤（精密天秤）を使って、乾いた 50 cm³ ビーカーへ真ちゅう釘 1 本を精秤し、秤量値を記録する。（付録 A.7 参照）

2. 分注器から 8 M 硝酸 3 cm³ を、釘の入ったビーカーに加える。

3. ビーカー上部を持ち、ドラフトの内のホットプレート（約 200 ℃にセットしてある）に載せ、加熱しながら釘を完全に溶解させる。およそ 5 分後、液量が目分量で半分になったらビーカー上部を持ち、ドラフト内の空いているところへ置く。まだ、ドラフトから持ち出さない。

   （注）加熱中に発生する褐色気体と白煙は、それぞれ二酸化窒素 NO_2 と硝酸である。いずれも吸い込まないように注意せよ。

   （注）加熱中は実験者のうちの 1 人は、ホットプレートの側を離れないこと。4、5 分の加熱で溶液の量は目分量で半分程度になる。

   （注）溶液が全部蒸発して、内容物が乾固してしまわないように注意せよ。

   （注）加熱が終わっても煙が出ている間は、ドラフトから持ち出さない。

4. ビーカーから白煙が立たなくなった後、ドラフト内でビーカー内壁を洗うようにポリ洗瓶ノズル先端からイオン交換水を 30〜40cm³ かける。この操作後、ドラフトから持ち出す。

5. 100 cm³ メスフラスコ内のイオン交換水を流しに捨て、ビーカーの溶液を 100 cm³ メスフラスコへ移す。

6. 空になったビーカーの内壁を少量のイオン交換水で共洗いし、洗浄液を 100 cm³ メスフラスコに入れる。この操作を 3 回繰り返す。

7. イオン交換水を標線まで加え、栓をして液をよく混合する。

   （注）測定結果に影響するため、この段階でメスフラスコ内の液を十分混合する。

8. 25 cm³ メスフラスコ内のイオン交換水を流しに捨て、7. の溶液を、ホールピペットを用いて 10 cm³ に正確に採取し、25 cm³ メスフラスコへ加える。この操作後、使用した安全ピペッター内に、誤って溶液を吸い込んでいないか確認する。確認された場合は、必要量の溶液（10.0 cm³）が量り取れていない可能性があるため担当者に指示を仰ぐ。

9. メスフラスコへ分注器（右側ドラフト内）から 6 M アンモニア水 10 cm³ を加えたのち、イオン交換水を標線まで加え、よく混合する。

（注）溶液が十分発色しない時は、アンモニア水の添加を忘れていることがある。その場合、25 cm³ メスフラスコ内の溶液を廃液瓶へ捨て、イオン交換水で洗浄し一次および二次洗浄液を廃液瓶へ捨て、3 回イオン交換水ですすいだ後 8. からやり直す。

10. 9. の溶液をメスフラスコから直接角セルに入れ、2.3.1.9 で求めた吸収極大波長における吸光度を測定する。測定は、分光光度計の操作法に従い、結果は組の人数分プリントアウトする。

（注）測定が終了したら、実験担当者にすべてのスペクトルについて点検を受ける。

（注）プリントアウトしたスペクトルはすべて報告書に添付する。スペクトルのない報告書は大幅な減点となる。

2.4 実験器具の片づけ

1. ビーカーにイオン交換水を 20 cm³ ほど入れ、マイクロピペットでピペッティングを繰り返してチップを洗浄し、元の場所に戻す。洗浄液は廃液瓶へ入れる。ビーカーは水道水で洗い回収場所へ置く。

2. コニカルチューブに残った銅溶液は廃液瓶に捨て、イオン交換水で洗浄し一次および二次洗浄液は廃液瓶に捨てる。数回イオン交換水で洗浄の後、水気を切ってトレイに戻す。

3. メスフラスコに残った銅溶液は廃液瓶に捨て、ポリ洗瓶のノズルの先端から少量のイオン交換水を吹き付け、栓をし、フラスコを逆さにして撹拌し洗浄する。一次および二次洗浄液は廃液瓶に捨てる。その後、水道水で洗浄し、最後にイオン交換水ですすぎ、標線より上までイオン交換水を満たしてトレイに戻す。

4. プラスチック製角セルに残った銅溶液は廃液瓶に捨て、イオン交換水で洗浄し一次および二次洗浄液は廃液瓶に捨てる。数回イオン交換水で洗浄し、水気を切ってセルスタンドへ逆さに置く。

5. ホールピペットはイオン交換水ですすぎ回収場所に置く。

6. 廃液瓶内の廃液は、ドラフトの間のポリタンクへ捨てる。廃液瓶の洗浄は不要。

7. 分光光度計そばの操作法に従い分光器及び PC を停止する。

8. 点検表を記入し、実験担当者の確認を受けてから退出する。

2.5　課題（この部分について、報告書は手書きとすること）

(1) 硫酸銅五水和物水溶液とアンミン銅（II）錯イオン溶液の吸収スペクトルから、吸収極大波長、吸光度を記載し、それぞれの溶液のモル吸光係数 ε を計算せよ。

　　※計算には、「検量線用の溶液の調製」の実験操作 1. で記録した溶液のファクターから算出した正確なモル濃度（A.8.3「濃度の計算」を参照）を用い、光路長は 1.00 cm とせよ。吸収極大波長の値から、各水溶液は何色の光をもっとも吸収するか記載せよ。

(2) 銅（II）水溶液にアンモニア水あるいはエチレンジアミン水溶液を加えた場合の発色は、銅化学種にどのような変化が起きたことを示しているか、化学式を用いて説明せよ。

(3) 検量線を作成するための吸光度測定に、吸収スペクトルの吸収極大波長を用いる理由を考察せよ。

(4) 真ちゅう釘中の銅含有率（質量パーセント）を算出せよ。

(5) 真ちゅう組成を文献で調べ、実験結果と比較せよ。その上で、銅含有量の変化にともなって真ちゅうの特性と用途がどのように変わるかについて述べ、合金にすることによる実用上の利点を記載せよ。

比色分析の報告書を書く上での注意（追加）

1. 真ちゅう釘を溶解した溶液中の銅イオンの物質量は次の手順で求める。

　　(1) 検量線を用いて溶液の銅イオン濃度を求める。

　　(2) 求めた銅イオン濃度は、実験手順 2.3.2-8, -9 で希釈した後の濃度（添加量）であることから、検量線から求めた濃度を 2.5 倍すると、真ちゅう釘を溶解した溶液（実験手順 2.3.2-7 の 100 cm³ メスフラスコ中の溶液）の濃度になる。

　　(3) 釘を溶かした溶液の銅イオン濃度が求まれば、（溶液のモル濃度）×（容量）によって溶液中の銅イオンの物質量を計算することができる。ただし、モル濃度と容量は単位を考慮すること。

　　(4) 銅イオンの物質量が分かれば、銅の原子量を用いて銅の質量を計算できる。

2.6　参考文献

1. 東京大学教養学部化学教室　化学教育研究会編、「化学実験（第 3 版）」、東京大学出版会 (1977).

2. 舟橋重信編、「定量分析」、朝倉書店 (2004).

3. 田中元治、中川元吉編、「定量分析の化学—基礎と応用—」、朝倉書店 (2001).

4. 齋藤太郎著、「無機化学」（化学入門コース 3）、岩波書店 (1996).

3. 反応速度定数と活性化エネルギー

○この実験で使用する器具

ホールピペット
transfer pipette

安全ピペッター
safety pipetter

反応管
reaction vessel

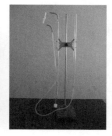
ガスビュレット
gas burette

恒温槽
thermostat bath

メスピペット
measuring pipette

ピペットコントローラー
pipette controller

ピペット、安全ピペッターの使い方については、付録A.5参照

3.1 実験目的

　過酸化水素が水と酸素に分解する反応が一次反応であることを確認し、その反応速度定数を求める。また、反応速度定数の温度依存から活性化エネルギーを決定し、この反応に活性化障壁が存在することを確認する。

3.2 原理

　化学反応には、酸とアルカリの中和反応のように一瞬のうちに起こるものもあれば、多くの有機化合物の合成反応のように何時間もかかるものもある。これらの反応の速さがどのような式で表現されるかを知ることは、ある時間が経過した後における生成物の量を予測したり、可能ないくつかの反応経路のうち、どの反応が主であるかを推定したりする上で重要である。

いま、化学反応 A＋B → C＋D を考える。左辺を反応系（始原系）、右辺を生成系と呼ぶ。反応速度 v は、単位時間当たりの反応物濃度の減少量もしくは生成物濃度の増加量で定義される。

$$v = -\frac{d[A]}{dt} = -\frac{d[B]}{dt} = \frac{d[C]}{dt} = \frac{d[D]}{dt} \tag{1}$$

[A]は物質 A の濃度を表す。多くの場合、反応速度 v は $k[A]^a[B]^b$ の形で表すことができる。ここで、k は[A]や[B]に依存しない定数であるが、系の温度には依存する。k を反応速度定数（または単に速度定数）と呼び、$a + b = n$ を反応の全次数という。$n = 1$ の時、一次反応、$n = 2$ の時、二次反応という。

過酸化水素の分解反応

$$H_2O_2 \rightarrow H_2O + \frac{1}{2}O_2 \tag{2}$$

は典型的な一次反応であり、一定温度のもとで反応速度 v（H_2O_2 の濃度の減少する速度）は、H_2O_2 の濃度 C に比例する。すなわち、

$$v = -\frac{dC}{dt} = kC \tag{3}$$

と表される。過酸化水素の初期濃度を C_0 とし、濃度の減少量を x と書き表すと、(3)式を積分して

$$k = \frac{1}{t}\ln\frac{C_0}{C} = \frac{1}{t}\ln\frac{C_0}{C_0 - x} \tag{4}$$

を得る。ここで、一次反応の速度定数が時間の逆数の次元をもつことを注意しておこう。なお、ln（エルエヌ）は自然対数を表している（常用対数ではないことに注意）。C_0 が半分になる時間 $t_{1/2}$ を半減期、k の逆数を寿命という。一次反応では、どちらも初期濃度 C_0 には依存しない。両者は、$t_{1/2} = \ln 2/k$ なる関係にある。

反応(2)において、式(4)における x は、時刻 t までに分解した過酸化水素の量に比例し、これは、発生した酸素の物質量にも比例する。ここで、酸素を理想気体とみなすと、温度、圧力一定のもとで物質量は体積に比例するので、結局 x は時刻 t までに発生する酸素の体積 V に比例することになる。また、C_0 は用いた過酸化水素から発生する全酸素の体積 V_0 に比例するので、

$$\ln(V_0 - V) = -kt + \ln V_0 \tag{5}$$

と表すことができる。

活性化エネルギー－反応速度定数の温度依存－

　一般に、反応速度定数は、温度が高いほど大きくなる。そして、多くの反応において、以下のアレニウスの経験式を満たすことが知られている。

$$k = A \exp(-\frac{E}{RT})$$ (6)

ここで、A と E はともに温度には依存せず、A は頻度因子（前指数因子）、E は活性化エネルギーと呼ばれる。R は気体定数、T は**絶対温度（摂氏温度ではない）**である。

　活性化エネルギーE の物理的意味は以下のように考えることができる。反応物 H_2O_2 の分解により生じる生成物 H_2O ＋ $(1/2)O_2$ の系は、H_2O_2 よりも低いエネルギー状態にあり、このエネルギー差が、この反応の反応熱（発熱量）に対応する。一方、この反応が進行するには、途中で活性化状態と呼ばれるエネルギーの高い状態を通過しなければならない。この活性化状態と反応系である H_2O_2 系のエネルギー差が活性化エネルギーとなり、これよりも大きなエネルギーをもつ分子のみが分解する。$\exp(-E/RT)$は、温度 T で E 以上のエネルギーを有する反応系分子の割合に相当し、ボルツマン因子と呼ばれる。ボルツマン因子は温度の上昇とともに急激に増大する。なお、俗に「反応速度定数は温度が 10℃上がるごとに 2 倍になる」と言われることがあるが、あまり当てになるものではなく、理論的裏づけもない。

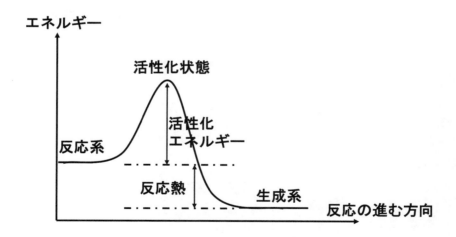

図 3.1　活性化エネルギーと反応熱の関係

27

3.3 実験操作

器具 攪拌恒温槽（実験開始時には30℃に設定済み）、テフロン回転子（2個）、デジタル温度計、ガスビュレット（水準管付 1台）、反応管（過酸化水素分解槽 2個）、2 cm³ メスピペット(鉄ミョウバン溶液用 1本)、10 cm³ ホールピペット（過酸化水素水用 1本）、安全ピペッター（1個）、ピペットコントローラー（1個）、プラスチック製ビーカー（1個）、ストップウォッチ（1個）、気圧計（全体で1個を共用）

試薬 過酸化水素水、鉄ミョウバン[Fe(NH₄)(SO₄)₂·12H₂O]溶液（濃度0.2 M）

1. ガスビュレットに水準管側からビーカーを使って水道水を入れる。量は、管1本分程度、すなわち、水準管とガスビュレット（目盛りのついた管）にそれぞれ半分ずつくらい入るようにする。水が多すぎると反応の途中にあふれることになるし、少なすぎると、反応開始前の目盛りあわせ（実験操作6.参照）ができなくなる。

2. 反応管（過酸化水素水分解槽、こぶのついた管）の側管（こぶの部分）に鉄ミョウバン溶液をメスピペットを用いて2.0 cm³入れる。次に反応管の下部に過酸化水素水をホールピペットを用いて、10.0 cm³入れる（**図3.2**）。この操作のとき、および、これ以降反応を開始させるまで、両溶液が混ざらないように注意する。ピペットの操作においては、ピペットコントローラー（安全ピペッター）を使用すること。なお、過酸化水素水の正確な濃度は、発生した酸素の量から算出する。

3. 操作2で使用した安全ピペッター内に、誤って溶液を吸い込んでいないか確認する。確認された場合は、必要量の溶液（10.0 cm³）が量り取れていない可能性があるため担当者に指示を仰ぐ。

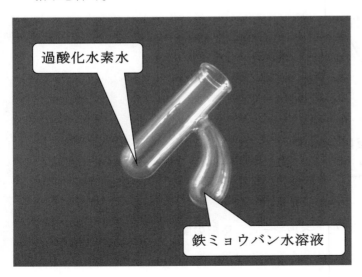

過酸化水素水

鉄ミョウバン水溶液

図3.2 反応管

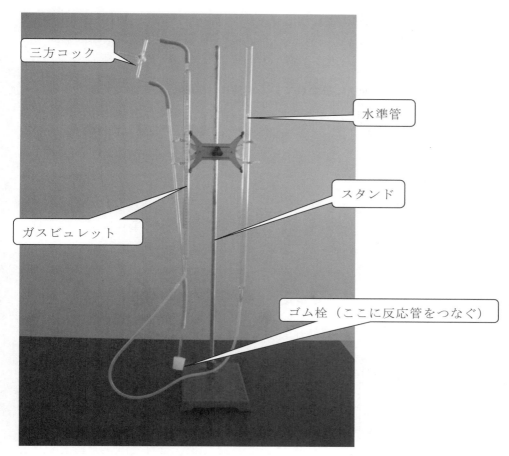

図 3.3　ガスビュレットおよびスタンド

4. 反応管下部(過酸化水素水を入れた側)にテフロン回転子を入れる。手で触れないようキムワイプを使って作業する。

5. 溶液を入れた反応管を、ガラス管付きゴム栓に接続する（ガラス管付きゴム栓は、肉厚ゴム管を介してガスビュレットに接続している、**図 3.3**）。ゴム栓が攪拌恒温槽の水面につかるように、また、三方コックの水平部分がほぼ水平になるように、ガスビュレットの高さや位置を加減してから全体を固定する

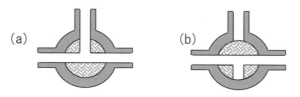

図 3.4　三方コック

6. 三方コックを、**図** 3.4 (a) の位置にして、反応管を撹拌恒温槽につけ、撹拌恒温槽の中心にクランプで固定する。反応管の温度が撹拌恒温槽の温度になるまで約 10 分間待つ。撹拌恒温槽の温度は最初 30 ℃に設定してある。

   （注）三方コックの向きは、コックに書かれている T 字の｜の部分の向きで判断できる。
   図 3.4 (a) の位置になっていることは、コックについた水準管を上下させたときに、水準管側の水面と目盛りのついた管の水面とが速やかに一致するかどうかでも調べることができる。もし、速やかに一致しない場合は、コックが**図** 3.4 (a) の位置になっているかどうかをもう一度確認すること。）

7. ノートにあらかじめ**表** 3.1 のような表を作り、時間 t (s)、ガスビュレットの目盛りの読み (cm³)、発生した酸素の量 V (cm³)、過酸化水素が完全に分解したときに発生する酸素量 V_0 (cm³) から実際に発生した酸素量を引いた $V_0 - V$、および $\ln(V_0 - V)$ の欄を作っておく。このうち、測定中記入するのは、時間 t と目盛りの読みである。なお、30 ℃では V_0 の測定は行わないが、30 ℃と 40 ℃で使用する過酸化水素の量は同じであるので、30 ℃の場合も 40 ℃での V_0 の値を使うことができる。

表 3.1　発生酸素量等の時間依存

t (s)	目盛り (cm³)	V (cm³)	$V_0 - V$ (cm³)	$\ln(V_0 - V)$
0	2.0	0.0		
30				
60				
…				

8. 10 分たったら、三方コックはそのままにして水準管を静かにあげて、ガスビュレットの水位が「目盛り 2」になるようにし、この位置で三方コックを**図** 3.4 (b) の位置まで（コックを若干押しながら 180°）回す。水準管は再び下げておく。（水準管を下げたときに、目盛り 2 にあわせた水位が下がるが、それはかまわない。水準管をあげ、水準管とガスビュレットの水位を一致させたときに目盛り 2 に戻ればよい。もし戻らない場合は、管の漏れを疑うこと。漏れている場合は実験担当者に申し出ること。）

9. 撹拌恒温槽の水温をデジタル温度計で読み、記録しておく。この温度が反応速度測定時の温度となる。

10. 反応の追跡

（測定前のチェック項目）

☐ **三方コックが指定の位置にあるか**

☐ **目盛りの読み方を理解しているか**

☐ **水準管とガスビュレットをつなぐチューブがねじれていないか**

☐ **反応管が攪拌恒温槽の中心に設置されているか**

☐ **どのようになったら実験を終了するか理解しているか（30 ℃と 40 ℃では異なる）**

☐ **役割分担はできているか**

以下の操作をできるだけ素早く行い、そのときの時計の読みを t＝0 s とせよ（注：反応が始まるとテキストを確認したり、打ち合わせをする時間的な余裕がないので、事前に役割分担（時間を計測する係、目盛りを読む係、メモする係など）を決めておくこと）。

操作：クランプから反応管を外し、時計を見ながら反応管を横にして、側管内（こぶの部分）の鉄ミョウバン溶液を反応管下部に流し込み、過酸化水素水と完全に混合してから反応管をクランプで止める。

表 3.2　測定条件

温度	時間間隔	測定時間	全酸素量の測定
30 ℃	60 s ごと	900 s	行わない
40 ℃	30 s ごと	360 s	16分後と21分後に行う

反応開始以後、**表 3.2** の時間間隔でガスビュレットに集まる酸素の体積を読む。読みとる際には**必ず水準管を上げて、水準管とガスビュレットの水位を一致させて目盛りを読むこと**（つねに大気圧での体積を測定するためである）。この際、目盛りの値から 2 を引いた容積（cm³）が実際の酸素発生量 V（cm³）であることにも注意せよ。

11. 測定が終了したら反応管をクランプから外し、ゴム栓を反応管から外す。

12. 攪拌恒温槽の TMP/TIME ボタンを 2 回押し、SV にランプを合わせたのちに、上下ボタンで 40 ℃に合わせる。細かい設定温度は担当者の指示に従う。

13. 攪拌恒温槽に蓋をして 40 ℃に温度が上がるのを待つ（目安として 6 分程度かかる）。待つ

ている間に 40 ℃の実験の準備（実験操作 2 と 3）を行う。新しいの反応管とテフロン回転子を使用する。時間が余るようだったら、反応管の洗浄、片付けを行ってもよい（実験操作 16 と 17）。

14. 40 ℃になると heating のランプが点滅する。

15. 水温 40 ℃での実験を行う（実験操作 4 から 9）。

16. **16.** 攪拌恒温槽の温度が 40 ℃の場合は、全酸素量の測定のため、測定開始から 16 分後と 21 分後の目盛りを読んでおく（表 3.2）。両者の値が一致すれば、過酸化水素の分解反応が終了していることになり、それから全酸素発生量 V_0 を実験的に決めることができる。（実験操作 9 と同様、目盛りの値から 2 を引いた容積が実際の酸素発生量である。）**もし、16 分および 21 分後の値が誤差範囲外（目盛りの変化量が 0.3 cm³ を超える）となった場合には、さらに時間を延長して測定する。延長時間は担当者の指示に従う。**

17. 片づけの際、机の上に置いてある白い棒を使って反応管からテフロン回転子を取り出し、洗浄した後にケースに戻す。

18. 反応管中の鉄ミョウバンを含む溶液は、一次および二次の洗浄液とともに廃液びんに捨て、反応管は水道水で洗った後、指示された場所に置く。ピペットはイオン交換水ですすぐ。ガスビュレットの水は流しに捨てる。三方コックは、図 3.4（a）の状態に戻しておく。

19. 大気圧、気温、攪拌恒温槽の水温をノートに書き留めてあることを確認し、点検表を記入し、担当者の確認を受ける。

3.4　実験器具の片づけ

1. トレーの中にある白いマグネット棒を使って反応管からテフロン回転子を取り出し、洗浄した後にケースに戻す。

2. 反応管中の鉄ミョウバンを含む溶液は、一次および二次の洗浄液とともに廃液びんに捨てる。廃液の量は最小限に抑える。反応管はブラシを使って水道水で洗う。側管にブラシは入らないので無理に洗わなくて良い。その後、イオン交換水ですすぎ、回収場所に置く。交換用（洗浄・乾燥済み）のものをトレーに戻す。

3. メスピペット、ホールピペットはイオン交換水ですすぎ、回収場所に置く。交換用（洗浄・乾燥済み）のものをスタンドに戻す。

4. 廃液瓶内の廃液は、指定されたポリタンクへ捨てる。廃液瓶の洗浄は不要。

5. ガスビュレットの水は水準管側から流しに捨てる。三方コックは図 3.4（a）の状態に戻す。

6. 攪拌恒温槽とデジタル温度計は片付けの必要はなく、そのままで良い。

7. 大気圧、気温、攪拌恒温槽の水温をノートに書き留めてあることを確認し、点検表を記入

後、担当者の確認を受ける。

3.5　報告書の作成

　理想気体からのずれが無視できる場合、0 ℃，1013 hPa(1 atm) で 1.00 mol の気体の体積は 22.4 dm^3 であることから、0 ℃，1013 hPa で 10.0 cm^3 の過酸化水素から発生すべき酸素の体積 V_{std} を求めることができる。ここで、過酸化水素 1 mol から酸素が 1/2 mol 生じることに注意すると、過酸化水素の濃度を C_0 （mol dm^{-3}）として

$$V_{std} = \frac{22.4 \times 1000}{2} \times C_0 \times \frac{10}{1000} \quad (cm^3) \tag{7}$$

となる。

V_{std} を用いると、外圧 P (hPa)，絶対温度 T（室温）の下での体積 V_0 は、体積 V の測定が常に水と接触した酸素について行われることを考慮して、ボイル－シャルルの法則より

$$V_0 = V_{std} \times \frac{T}{273} \times \frac{1013}{P - P_{H_2O}} \quad (cm^3) \tag{8}$$

となる。ここで P_{H_2O} は絶対温度 T（室温）における水蒸気圧である。室温における水蒸気圧は表 3.3 の値からグラフ（蒸気圧曲線）を描いて求めよ。ここでは、V_0 の実測値から C_0 を求める。

表 3.3　飽和蒸気圧 P_{H_2O} の温度依存

温度(℃)	0	5	10	15	20	25	30
P_{H_2O} (hPa)	6.13	8.66	12.26	17.06	23.33	31.73	42.39

式(5)は $\ln(V_0 - V)$ と時間 t が直線関係にあることを示しており、時間 t を横軸、$\ln(V_0 - V)$ を縦軸にとってグラフを描いたときの直線の勾配から k (**正数**)が求められる。次に、頻度因子 A が温度によらないとすれば、式(6)から絶対温度 T_1，T_2 での反応速度定数 k_1，k_2 について

$$\ln \frac{k_2}{k_1} = -\frac{E}{R}\left(\frac{1}{T_2} - \frac{1}{T_1}\right) \tag{9}$$

が成立する。これから活性化エネルギー E が求められる。ここで、T_1，T_2 としては測定に用いた恒温槽の水温を用いる。報告書には、

　　(a)各温度（水温）での表 3.1（時間と発生した酸素の体積などの表）

　　(b)気温と蒸気圧の関係を表すグラフ（蒸気圧曲線）

(c)各温度（水温）での時間 t と $\ln(V_0 - V)$ のグラフ（水温が異なる 2 つのグラフを
　　一枚にまとめてもよい）

を含めよ。グラフの作成には表計算等のソフトウェアを利用してもよいが、上記の条件を満
たすようにすること。

　数値の報告については、

　　(a)室温

　　(b)大気圧

　　(c)過酸化水素水 10.0 cm³ から発生した全酸素量から計算した過酸化水素水の濃度
　　　（mol dm⁻³）

　　(d)それぞれの水槽の温度の実測値

　　(e)それぞれの水槽の温度での反応速度定数（s⁻¹）

　　(f)活性化エネルギー（J mol⁻¹　または　kJ mol⁻¹）

　　　（活性化エネルギーをこの単位で求めるには、当然、気体定数 R も同じ単位系の
　　　ものを用いなければならない。）

を表などにまとめよ。また、どのようにして過酸化水素水の濃度、反応速度定数、活性化エ
ネルギーを求めたかを記すこと。**有効数字を何桁にしたらよいかは各自で考えよ。なお、「適
切な有効桁を用いること」、「速度定数などの物理量には単位をつけること」は予習課題**にお
いても留意すべき点である。

3.6　課題（この部分について、報告書は手書きとすること）

(1)　本実験結果から、過酸化水素の分解反応が一次反応であると結論してよいかどうか、理
　　由も含めて述べよ。

(2)　反応温度を 30 ℃から 40 ℃に変えたとき、反応速度定数が 4.0 倍になったとする。この
　　場合の活性化エネルギーはいくらか。また、この活性化エネルギーが温度に依存しない
　　として、100 ℃での反応速度定数は 90 ℃での値の何倍になるか。

(3)　鉄ミョウバンは過酸化水素の分解反応において触媒として働いている。鉄ミョウバンの
　　量を変えると、活性化エネルギーはどのように変化すると考えられるか。

(4)　「反応速度定数は温度が 10 ℃上昇すると 2 倍になる」と言われることがあるが、アレ
　　ニウスの式に当てはめてみて、この主張が一般に成り立つものなのかどうかを論ぜよ。

34

4. 緩衝作用

○この実験で使用する器具

安全ピペッター
safety pipetter

ポリ洗瓶
washing bottle

テフロン回転子
stirring bar

ビーカー
beaker

コニカルビーカー
conical beaker

ホールピペット
transfer pipette

pH メーター
pH meter

スターラー
stirrer

ビュレット
burette

ピペット、安全ピペッターの使い方については、付録 A.5 参照

ビュレットの使い方については、付録 A.6 参照

4.1 実験目的

　弱酸とその塩あるいは弱塩基とその塩の溶液に強酸または強塩基を加えたときの pH 変化は、純水などに強酸あるいは強塩基を加えたときの pH 変化と比べて非常に小さい。このように、酸あるいは塩基濃度の変化に抗して溶液の pH を保持しようとする作用を緩衝作用という。例えば、酢酸水溶液（弱酸）に水酸化ナトリウム水溶液（強塩基）を加えて中和する

過程においては、その途中で酢酸の一部が中和されて生成した酢酸ナトリウムと未だ中和されていない酢酸が存在する。すなわち、溶液中には弱酸とその塩が共存し、滴定の途中では、水酸化ナトリウム水溶液を加えても pH があまり変化しない領域がある。本実験では、未知濃度の酢酸水溶液を既知濃度の水酸化ナトリウム水溶液で中和するときの pH 変化を測定し、滴定曲線を作成する。この中和滴定の過程から緩衝作用について考察する。

4.2 原理

4.2.1 緩衝作用とは

　一般に、水溶液に酸や塩基を加えると、その溶液の pH は変動する。しかし、少量の酸や塩基を加えても pH がほとんど変化しない溶液が存在する。そのような溶液のことを緩衝液と呼び、pH の変動を抑制する働きを緩衝作用と呼ぶ。緩衝作用は、生体を含め、自然界でも多くの例をみることができるが、化学や工学の分野においても重要である。緩衝液の調製にはいくつかの方法があり、実験室でも比較的簡便に行うことができる。例えば、弱酸とその強塩基との塩を含む水溶液を調製すれば緩衝作用を示す。

　緩衝作用の原理について、酢酸（弱酸）と酢酸ナトリウム（酢酸と強塩基である水酸化ナトリウムの塩）を例に説明する。

　酢酸（CH_3COOH）は、水溶液中で一部分が次のように解離する。（多くは、CH_3COOH のまま溶けていることに注意）

$$CH_3COOH + H_2O \rightleftharpoons CH_3COO^- + H_3O^+ \tag{1}$$

一方、酢酸ナトリウム（CH_3COONa）は、水溶液中でほぼ完全に解離する。

$$CH_3COONa \rightarrow Na^+ + CH_3COO^- \tag{2}$$

したがって、水溶液中には、多量の CH_3COOH と CH_3COO^- およびこれらに比べて少量の H_3O^+ が存在する。希薄溶液では H_2O の濃度は一定とみなせるので、次の関係式が成立する。

$$K_a = \frac{[CH_3COO^-][H_3O^+]}{[CH_3COOH]} \quad （室温では、K_a = 2.80 \times 10^{-5}） \tag{3}$$

ここで、K_a は酢酸の酸解離定数である。[CH_3COOH]等は容量モル濃度であるが、解離定数の計算では 1 mol dm^{-3} で割り算するので、K_a は無次元量となる。緩衝作用の実験では、当量点までは、水酸化ナトリウムの滴下で酢酸は部分的に中和され、実質的に酢酸と酢酸ナトリウムの混合物になり、緩衝液となる。この状態に酸（H_3O^+）を加えると、

$$CH_3COO^- + H_3O^+ \rightarrow CH_3COOH + H_2O \tag{4}$$

の反応が起こり、[H_3O^+]の増加が抑えられる。一方、塩基（OH^-）が加えられた場合、

$$CH_3COOH + OH^- \rightarrow CH_3COO^- + H_2O \tag{5}$$

の反応で[OH⁻]の上昇が抑えられる。このような緩衝液の pH は、

$$\mathrm{pH} = \mathrm{p}K_\mathrm{a} + \log_{10} \frac{[\mathrm{CH_3COO^-}]}{[\mathrm{CH_3COOH}]} \tag{6}$$

と表せる。ここで、$\mathrm{pH} = -\log_{10}\{[\mathrm{H_3O^+}]/(\mathrm{mol\ dm^{-3}})\}$、$\mathrm{p}K_\mathrm{a} = -\log_{10} K_\mathrm{a}$ である。

4.2.2 滴定曲線、当量点の求め方

　酢酸水溶液の水酸化ナトリウム（NaOH）水溶液による滴定について説明する。はじめは、酢酸水溶液による酸性のため、低い pH を示している。そこへ NaOH 水溶液を滴下すると少しずつ pH の上昇が始まる。酢酸に比べて、NaOH が少ない領域では、NaOH の滴下量の割に pH の上昇が極めて小さいところがある。NaOH の滴下量に対する pH 上昇値が最も小さいところが最も緩衝作用が大きい領域といえる。理論的には、酢酸の初めの物質量に対して、その半分の量の NaOH を滴下したところで緩衝作用が最大となる。そのときの溶液の pH は、酢酸の $\mathrm{p}K_\mathrm{a}$ の値と一致する。

　さらに NaOH 水溶液の滴下を続けると pH の上昇が大きくなり、酢酸とほぼ等モル量の NaOH を滴下したところで突然 pH が大幅に上昇する。これを pH ジャンプという。酢酸に対して NaOH を等モル量滴下した点が当量点となる。当量点を越えると水溶液中のイオンは、$\mathrm{CH_3COO^-}$、$\mathrm{Na^+}$、$\mathrm{OH^-}$ が大部分となり、塩基性となる。

　図 4.1 には、一般的な滴定曲線の例を示してある。滴定曲線において、酸性側（滴定を始めてすぐ）および、塩基性側（当量点を過ぎた後）の線に対して平行な線を引く。その 2 本の線と垂直な線が pH ジャンプの部分を二等分するところが当量点である。しかし、手作業で当量点を求めると線の引き方による誤差が入り、同一のデータを用いても実験者によって異なる値が求められる恐れがあることに注意しなければならない。客観的にデータ処理を行う方法の一つには、**4.4 課題**（6）の手順がある。

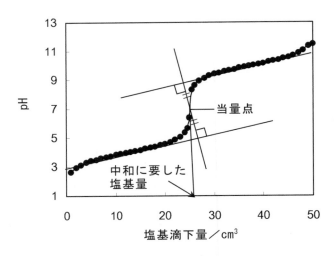

図 4.1　滴定曲線の例と当量点の関係

4.2.3　酸塩基指示薬（pH 指示薬）

　正確な pH 変化を知るためには、pH メーターが必要であるが、急激な pH 変化については、指示薬を用いて、その値を簡便に知ることができる。指示薬は溶液の pH に依存して構造が変化することにより、色が変化する。表 4.1 に代表的な指示薬とその変色域、色の変化を示す。本テーマでは、弱酸の強塩基による中和を行うため、指示薬には変色域が塩基性側にあるフェノールフタレイン（図 4.2）が適している。酸性溶液中のフェノールフタレインは可視域に吸収がないため無色であるが、溶液が塩基性になると赤色のキノン型になる。したがって、pH 変化を色の変化（無色→赤）として観察することができる。他の指示薬も同様に pH に依存した構造変化に伴い、色の変化が起こる。pH 変化を色の変化として人間が観察するためには、ある程度大きな変化が必要である。無色フェノールフタレインと赤色フェノールフタレインは化学平衡の状態にあるが、pH の上昇で赤色型が急激に増加するため、目視ではっきり確認することができる。

表 4.1　酸塩基指示薬

指 示 薬	変色域　（pH）	酸性色	塩基性色
チモールブルー	1.2 ～ 2.8	赤	黄
	8.0 ～ 9.6	黄	青
コンゴーレッド	3.0 ～ 5.2	青	赤
メチルオレンジ	3.1 ～ 4.4	赤	黄
メチルレッド	4.2 ～ 6.3	赤	黄
ニュートラルレッド	6.8 ～ 8.0	赤	黄
フェノールレッド	6.8 ～ 8.4	黄	赤
フェノールフタレイン	8.3 ～ 10.0	無	赤
チモールフタレイン	9.3 ～ 10.5	無	青

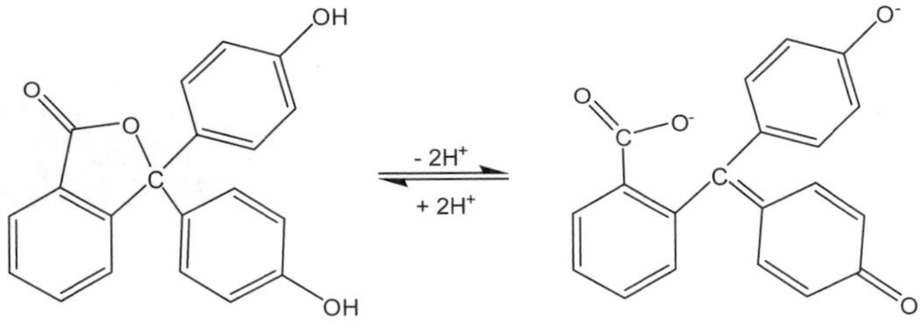

中性・酸性溶液中
ラクトン型（無色）

塩基性溶液中
キノン型（赤色）

図 4.2　フェノールフタレインの構造と色

4.3 実験操作

1. テフロン回転子をイオン交換水で洗浄し、キムワイプで水分を拭う。

2. 200 cm³ コニカルビーカーに酢酸水溶液 10.0 cm³（濃度は約 0.1 mol dm⁻³）をホールピペットではかり取り、イオン交換水を加えてコニカルビーカーの目盛りで 100 cm³ とする。さらに、指示薬フェノールフタレインを 2 滴加え、テフロン回転子を入れる。実験中、フェノールフタレインの変色する pH 域（**表 4.1**）に注意して観察すること。

3. 操作 2 で使用した安全ピペッター内に、誤って酢酸水溶液を吸い込んでいないか確認する。確認された場合は、必要量の酢酸水溶液（10.0 cm³）が量り取れていない可能性があるため担当者に指示を仰ぐ。

4. 乾燥した 50 cm³ ビーカーを用いて、0.1 mol dm⁻³（ファクターに注意）の水酸化ナトリウム水溶液をビュレットに入れ、2 回共洗いする。

5. ビュレットに水酸化ナトリウム水溶液を適量入れてスタンドに固定し、先端にたまった空気を排出する。（ビーカーで受けながら、コックを全開にすると空気が抜ける。）

   （水酸化ナトリウム水溶液をこぼしたり、手にかからないように注意する。）

6. ビュレットに水酸化ナトリウム水溶液を加え、液面を目盛り 0（ゼロ）に合わせる。（水酸化ナトリウム水溶液を少し多めに加え、余分な量をビーカーに滴下して回収しながら調整する。）

7. 酢酸水溶液の入ったコニカルビーカーをスターラー上におき、テフロン回転子の回転速度を調節して撹拌する。

8. pHメーターの測定用電極にポリ洗瓶からイオン交換水を吹きかけて洗浄し、水分（特に、保護キャップの下部に溜まった水）をキムワイプで拭う。電極のゴムキャップを外す。

9. pH メーターの電極にテフロン回転子が当たらないように注意しながら、静かに電極を溶液中に入れる。電極の高さや位置は、スタンドのレバーを押しながら調整する（図 4.3）。

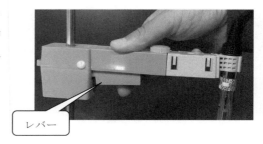

図 4.3　電極高さの調整方法

10. ビュレットの先端部分がコニカルビーカーに入るようにスタンドにセットする（図 4.4）。

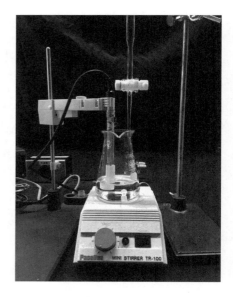

図 4.4　実験器具の組み上げ

11. pHメーターの準備を行う。使用法について以下に記載する。

pHメーターは電極とメーターで構成されている（**図4.5**）。

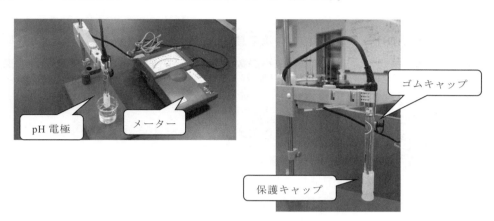

図4.5　pHメーター

●pH電極
・測定時、ゴムキャップ（比較電極内部液補充口）は外す。（保護キャップは外さない）
●メーター
・メーターのプラグをコンセントに挿し、左側面のスイッチをONにする。
・メーターの測定レンジが「pH」になっていることを確認する（**図4.6**）。
・測定レンジが「pH」の時、読み取る目盛りは最上部（0〜14）であり、最小目盛りの10分の1（少数点2桁）まで読む。又、目盛りは針とミラー（**図4.6**）に映った像が重なり合う値で読む。

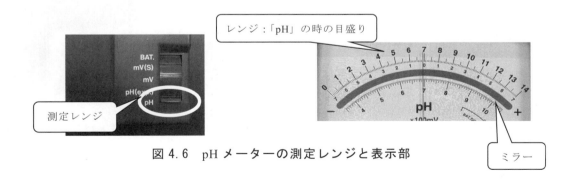

図4.6　pHメーターの測定レンジと表示部

※通常は測定に先だってpHメーターの較正を行うが、既に済ませてある。また電極はプラスチック製の保護キャップを付けたままでイオン交換水に浸けてある。

12. ビュレットから水酸化ナトリウム水溶液を滴下して、そのつど滴下量を読み取り（ビュレットの目盛りは、最小目盛り $0.1 \ cm^3$ の 10 分の 1 までを目分量で読む）、溶液の pH を測定する。

（注）ノートに水酸化ナトリウム水溶液の滴下量と pH の変化の表（**表 4.2**）を作り、方眼紙にプロットの準備を行う。**滴下毎に、表への数値の記入、方眼紙へのプロットを必ず交互に行う。**

表 4.2　水酸化ナトリウム水溶液の滴下量と pH の変化

水酸化ナトリウム水溶液の滴下量（cm^3）	pH
0.00	3.26
1.06	3.78
・・・	・・・
・・・	・・・

（注）滴下量は本来、方眼紙のプロットの様子を考慮しながら自分で決めていくが、滴下量の加減が分からない場合、以下の**表 4.3** 水酸化ナトリウム水溶液の滴下量の目安を参考に滴下する。プロットの作成には読み取ったビュレットの目盛りの値（**表 4.2** の滴下量）を使用する。

表 4.3　滴下量の目安

ビュレットの目盛り	滴下量の目安
0～8 cm^3 まで	約 1.0cm^3 ずつ滴下
8～9 cm^3 まで	約 0.2cm^3 ずつ滴下
9～10 cm^3 まで	約 0.1cm^3 ずつ滴下
10～12 cm^3 まで	一滴ずつ

13. pH 変化が大きくなってくるのは、終点が近づいているからである。滴下した瞬間だけ赤く色がつくようになると終点間近なので、慎重に滴下する。液全体が無色から薄い赤色に変化したときが終点である。このときの pH を記録する。

14. 終点後も $12 \ cm^3$ 程度までは細かく滴下する。その後は $1.0 \ cm^3$ 程度ずつ滴下していく。水酸化ナトリウム水溶液の滴下は、合計の滴下量が $20 \ cm^3$ 程度になるまで続ける。

15. 方眼紙に行ったプロットを担当者に見せ、確認を受ける。

16. 担当者の確認を受けた後、次の項目に注意して、実験器具の後片付けを行う。

- pH メーターの電極は、イオン交換水で洗浄し、ビーカーのイオン交換水に浸けておく。
- ビュレットは、イオン交換水で洗浄後、イオン交換水で満たしておく。
- ビーカーとホールピペットは、洗浄後、交換する。
- 実験廃液（一次および二次洗浄液を含む）は正しい方法で処理し、指定された容器等に回収する。

4.4 課題（この部分の(5), (6)以外について、報告書は手書きとすること）

(1) 4.3 の実験結果から縦軸に pH、横軸に水酸化ナトリウム水溶液の滴下量をとって滴定曲線を作成し、滴定の当量点と酢酸の濃度を求めよ。滴定の当量点の求め方は、4.2.2 を参照のこと。こうして求めた当量点とフェノールフタレインの変色から求めた終点を比較せよ。

(2) 滴定を始めた後、初期段階において水溶液中に存在すると考えられるイオンをあげよ。

(3) 当量点における反応式を書け。

(4) 本実験では、指示薬としてフェノールフタレインを用いたが、この実験でメチルオレンジを用いることはできるか。理由をつけて答えよ。

(5) 実験データから pK_a 付近の pH で緩衝作用が最大となることを確かめよ。水酸化ナトリウム水溶液の 1 回当たりの滴下量を $\triangle V$、pH の変化量を $\triangle pH$ で表した場合、$\triangle V / \triangle pH$ は pH を 1 単位大きくするために加えなければならない水酸化ナトリウムの量になるので、この値は緩衝作用の尺度となる。滴定点の $\triangle V / \triangle pH$ を $(V_{n+1} - V_n)/(pH_{n+1} - pH_n)$ で計算し、縦軸を $(V_{n+1} - V_n)/(pH_{n+1} - pH_n)$、横軸を V_{n+1} としてプロットせよ。極大となる滴下量のとき、緩衝作用が最大となっていると言える。プロットはフェノールフタレインの変色から求めた終点付近まででよい。また、プロットがばらつく場合には、プロットを滑らかに結んで考察せよ。（パソコンの表計算ソフトウェア等を用いると便利である。）

(6) 課題 (5) のプロットをさらに続けると極小点が現れる。極小点を与える滴下量のときに当量点となる。この方法で当量点を求め、課題 (1) の値と比較せよ。プロットは、極小点が求められる程度まででよい。図は、課題 (5) と一つにまとめてもよい。

(7) 緩衝作用は日常生活においても多々経験することができる。例えば、多くの動物の体液は、かなり強い緩衝能力をもち、その pH が適当な範囲（例えば、私たちの血液の pH は健康体では 7.4 である）に保たれるような仕組みを備えている。身近な緩衝作用の例を二つ以上あげて、なぜそのような効果を示すのか原理を考えてみよ。

4.5　さらに勉強したい人のために（参考です。課題ではありません。）

緩衝作用のシミュレーション

　ある濃度の酢酸を水酸化ナトリウム水溶液で滴定した溶液の pH は、パソコンの表計算ソフトウェアを用いて計算することができる。さらに、この水溶液が最も大きな緩衝作用を示す pH を求めることができる。ここでは、0.100 mol dm⁻³ 酢酸水溶液 10.00 cm³ に、0.100 mol dm⁻³ 水酸化ナトリウム水溶液を滴下した場合を例とする。

　（1）　はじめに、0.100 mol dm⁻³ 酢酸水溶液 10.00 cm³ に、0.100 mol dm⁻³ 水酸化ナトリウム水溶液を 0.1〜8.0 cm³ 滴下したときの pH を 0.1 cm³ きざみで求める。

　初めの溶液に存在する酢酸の物質量は、酢酸の濃度を C_a mol dm⁻³、酢酸水溶液の体積を V_a cm³ として、$n_a = C_a \times V_a / 1000$ mol である。濃度 C_b mol dm⁻³ の水酸化ナトリウム水溶液を体積 V_b cm³ だけ加えたときの物質量は $n_b = C_b \times V_b / 1000$ mol である。中和により、n_b mol の酢酸ナトリウムと $(n_a - n_b)$ mol の酢酸が残るので、式(6)より、

$$\text{pH} = \text{p}K_\text{a} + \log_{10} \frac{n_b}{n_a - n_b} \tag{7}$$

と表せる。また、n_a と n_b は、上述のように計算すると、

$$\text{pH} = \text{p}K_\text{a} + \log_{10} \frac{C_b \times V_b}{C_a \times V_a - C_b \times V_b} \tag{8}$$

　ここで、水酸化ナトリウム水溶液の滴下量（V_b）だけが変数となる。表計算ソフトの一列に V_b の値を打ち込み、その右隣の列に式(8)を入力し、pH を計算する。

　（2）　次に、水酸化ナトリウム水溶液を 0.1〜7.9 cm³ 滴下したそれぞれの点で、さらに 0.1 cm³ 加えたときの pH 変化を求め、（1）で作成した表に追加する。（0.2 cm³ 滴下したときの pH 値から 0.1 cm³ 滴下したときの pH 値をひく、0.3 cm³ 滴下したときの pH 値から 0.2 cm³ 滴下したときの pH 値をひく、…8.0 cm³ 滴滴下したときの pH 値から 7.9 cm³ 滴下したときの pH 値をひく、ということを行えばよい。）計算値をプロットした図を作成し、pH 変化が極小となるところ、すなわち緩衝能（緩衝作用）が最大となるときの pH を求めることができる。

4.6　参考文献

1. 吉野諭吉、『酸・塩基とは何か（化学 One Point 25)』、共立出版（1989).
2. 竹内敬人、『化学の基礎（化学入門コース 1)』、岩波書店（1996).

5. 第一原理シミュレーション

（注）第一原理シミュレーションでは、当日レポートと点検表の2点の提出で完了する。報告書提出は無い。

（注）各シミュレーションが正しく行われると、当日レポートに担当者の点検印が押される。点検印が押されていない当日レポートが提出された場合、その当日レポートは採点しない。

5.1 コンピュータシミュレーションの目的

　コンピュータシミュレーションは、計算機上の「仮想的」な実験環境下で物性を「測定」あるいは「予測」する研究手法である。近年のコンピュータ能力の急速な発展に伴って、コンピュータシミュレーションは化学、物理、生物などの学問分野にとどまらず、工業分野においても広く使用されている研究手段であり、その重要性は年々高まっている。本演習では、HPC システムズ社が提供するクラウドサービス「ChemPark」を用いて、〜30 原子程度の比較的少数原子系からなる分子に対して第一原理計算を行う。特にいくつかの環状分子に対して密度汎関数理論（提唱者の一人 W. Kohn は 1998 年にノーベル化学賞受賞）を用いたシミュレーションを行い、環化付加反応の一つであるディールス・アルダー反応（提唱者の O. Diels と K. Alder は 1950 年にノーベル化学賞受賞）をフロンティア軌道理論（提唱者の K. Fukui は 1981 年にノーベル化学賞受賞）の観点から理解することを目的とする。

5.2　原理
5.2.1　第一原理シミュレーション

　「第一原理」とは経験的なパラメータ（あるいは実験結果）などを一切使用せず、物理方程式を解くシミュレーション手法である。第一原理により得られる結果は計算を実行する人の能力や経験に依存しないことから最も信頼性の高いシミュレーション手法として認識されている。ただし計算機に方程式を解かせるためには近似を使用する必要があり、第一原理で得られる結果の精度や信頼性は使用する近似の種類に依存する。現在のスーパーコンピュータをもってしても厳密解法には程遠く、かなり大胆な近似を用いる必要があるのが現状である。適切な近似の選択には経験を必要とするが、これまでの研究から理論・ソフトウェアパッケージともに発達しており、シミュレーション初心者でも簡単に第一原理計算が行うことができ、高信頼性かつ高精度な結果を得ることができる環境が整いつつある（計算を実行する人は使用する近似の種類を選択し、原子種と原子座標を入力するだけで欲しい結果が得ら

れる）。本演習では、現在最も成功を収めている第一原理計算手法である密度汎関数理論
（DFT: <u>D</u>ensity <u>F</u>unctional <u>T</u>heory）を用いたシミュレーションを行う。

5.2.2　密度汎関数理論（DFT）とは

　一般的に N 電子系の基底状態に対するシュレディンガー方程式の厳密解法は不可能であ
る。主な理由の一つは、ハミルトニアン $H(r_1, r_2, r_3 \cdots r_N)$ が $3N$ 個もの座標変数を持った関数で
あるためである（ここで電子座標は $r = (x, y, z)$ の 3 次元である）。1964 年、W. Kohn と P.
Hohenberg が密度汎関数理論（DFT）を提唱したことにより、この問題は大きく進展する。
DFT ではハミルトニアンを電子密度 $n(r) = \sum_{i=1}^{N} |\psi_i(r)|^2$ の汎関数として表現する。すると N
電子系のハミルトニアンは $3N$ 個から 3 個の座標変数（$H(r_1, r_2, r_3 \cdots r_N) \rightarrow H[n(r)]$）に大きく
次元数を減らすことができるために方程式の扱いやすさが劇的に改善される。さらに 1965 年
に W. Kohn と R. Sham により DFT の N 電子系ハミルトニアンが Kohn-Sham 方程式：

$$\left(-\frac{\hbar^2}{2m} \nabla^2 + v_{ion}(r) + v_{e-e}(r) + v_{xc}(r) \right) \psi_i(r) = E_i \psi_i(r)$$

として知られる一電子方程式に還元できることが示された。左辺第一項は電子の運動エネル
ギー、v_{ion} は原子核からのクーロン引力、v_{e-e} は
電子間クーロン反発力、v_{xc} は交換相関項であ
り、この方程式の解として得られる波動関数
$\psi_i(r)$ と軌道エネルギー E_i は $v_{xc}(r)$ に対して用い
る近似に依存する。Kohn と Sham らにより、
計算可能な方程式が示されたことで、今日の
DFT の飛躍につながった。

5.2.3　フロンティア軌道理論とは

　フロンティア軌道理論は K. Fukui らによっ
て提唱された理論であり、分子の反応性が最高
占有軌道（HOMO：<u>H</u>ighest <u>O</u>ccupied
<u>M</u>olecular <u>O</u>rbital）と最低非占有軌道
（LUMO：<u>L</u>owest <u>U</u>noccupied <u>M</u>olecular
<u>O</u>rbital）の密度や位相によって説明すること
ができるとする理論である（HOMO と LUMO
をフロンティア軌道と呼ぶ）。本演習で取り上

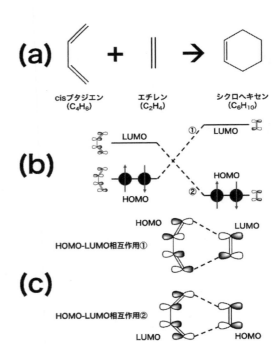

図 5.1　*cis* 型ブタジエンとエチレンのディ
ールス・アルダー反応

げる芳香族化合物の求電子置換反応や環化付加反応の一種であるディールス・アルダー反応などが HOMO や LUMO などの限られた軌道の状態から簡単に議論することができる。

5.2.4 ディールス・アルダー反応とは

　ディールス・アルダー反応は、二重結合を 2 つ持った炭化水素分子に二重結合を 1 つ持った C_nH_{2n} ($n \geq 2$) が付加して 6 員環構造を生じる有機化学反応であり、[4+2]環状付加とも言われる。その反応機構はフロンティア軌道理論により以下のように説明することができる。

　ここでは 5.3.2.1 で取り扱う cis 型ブタジエンとエチレンが反応して、シクロヘキセンが生成されるディールス・アルダー反応を例に説明する（図 5.1(a)）。図 5.1(b) には cis 型ブタジエンとエチレンの HOMO と LUMO の分子軌道をそれぞれ示す。cis 型ブタジエンの HOMO はエチレンの HOMO よりもエネルギーが高く、LUOM はエチレンよりも低い。この場合、図 5.1(b) に示すような ①cis 型ブタジエン HOMO と同位相のエチレン LUMO、②cis 型ブタジエン LUMO と同位相のエチレン HOMO の間に 2 つの HOMO-LUMO 相互作用が考えられる。①の HOMO-LUMO 相互作用では cis 型ブタジエン HOMO が電子ドナー、エチレン LUMO が電子アクセプターとなり cis 型ブタジエンからエチレンへ電子の流入が起こる。（②では逆にエチレン HOMO から cis 型ブタジエン LUMO へ電子の流入が起こる）。このように双方向に電子の移動が行われることにより円滑に反応が進行することにより、6 員環が生成される。

5.3　操作

5.3.1　求電子置換反応：ナフタレン分子のニトロ化

　ナフタレン分子のニトロ化

$$C_{10}H_8 + HNO_3 \text{ à } C_{10}H_7NO_2 + H_2O$$

では HNO_3 分子の吸着サイトの違いから生成物であるニトロナフタレンには α 型と β 型の 2 種類の異性体が存在する。フロンティア軌道理論では、$C_{10}H_8$ の HOMO にいる電子が HNO_3 分子から求電され HNO_3 の LUMO に移動することにより、ニトロ化が行われると考える。図 5.2 に反応座標に対する全エネルギーを示すように、熱力学的生成物は β 型である。しかし実際にニトロナフタレンを合成すると、速度論的生成物である α 型が支配的である（β 型よりも多く

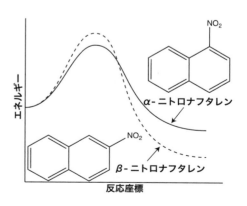

図 5.2　ニトロナフタレンの安定性

47

生成される）。本課題ではまず α 型および β 型ニトロナフタレンの分子モデリングおよび構造最適化を行う。 α 型および β 型ニトロナフタレンの全エネルギー比較を行い、 β 型が熱力学的に安定分子であることを確認する。また同様の計算をナフタレン分子に対しても行い、HOMO の波動関数を表示させ、α 型が優勢になる理由をフロンティア軌道理論の立場から議論する。

5.3.1.1　α-ニトロナフタレン分子のモデリング

（注）分子のモデルングでは適切な結合の種類（一重結合、二重結合、三重結合など）を選択する必要がある。誤った結合を選択すると、全電荷やスピンの多重度が正しく設定されない。水素原子は ChemPark が自動的に付加するために、ユーザーが指定する必要はない。

（注）分子のモデルングの基本手順として、まずキャンパス上部に並んでいるパレットを用いて分子の骨格を作成する。その後必要に応じて、結合の種類の修正、原子の置換などを行っていく。

（注）作業を間違えた場合はパレット①から×ボタンや UNDO ボタンを押して適宜、作業をやり直す。

　ChemPark を用いた分子のモデリングでは構造式を描画することで行う。画面上（図 5.3.①）および画面左（図 5.3.②）に配置されているパレットから適切な項目を選択し、キャンパス（図 5.3.③）に構造式を書いていく。ここでは α-ニトロナフタレンのモデリングを例に説明する。

1. 画面右上の「新しい分子」を選択し、Molecular Builder の画面を表示させる。

2. パレット①からをベンゼンを選択し、キャンパス③の任意の位置をクリックする。

3. キャンパスに描画されたベンゼンの任意の一重結合の線（図 5.4(a) で丸で囲った箇所）をクリックすることでナフタレン分子を描画することができる。

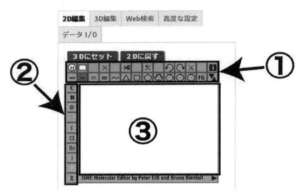

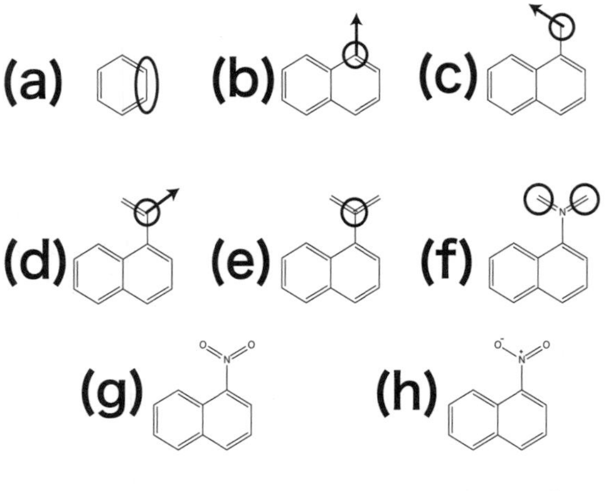

図 5.3　ChemPark の画面

図 5.4　α-ニトロナフタレンのモデリング手順

48

4. パレット①から一重結合を表す一重線を選択し、キャンパス内のナフタレンのαサイトから分子外側（図5.4（b）の矢印の方向）に向かってドラッグ・アンド・ドロップする。

5. パレット①から二重結合を表す二重線を選択し、今引いた線から外側に一本の一重線を引く（図5.4（c））。

6. さらに図5.4（d）の矢印の方向にドラッグ・アンド・ドロップする。この時点では構成原子はすべて炭素である。

7. パレット②からNを選択し、図5.4（e）で丸で囲った箇所をクリックし、炭素を窒素に置換する。

8. パレット②からOを選択し、図5.4（f）の丸で囲った二箇所の炭素を酸素に置換する。図5.4（g）の構造が完成形である。

（注）実際のα－ニトロナフタレンは図5.4（h）のようにNとOに電荷の偏りがあるが、キャンパス内の構造式には電荷の偏りに関する情報は表示されないことに注意する。

　キャンパスに構造式を描画できたら、画面上部の「3Dにセット」ボタンを押し、分子構造を3次元的に表示させる。この際に、水素原子は各原子の結合数から自動的に付加される。3次元表示ではマウスを使って分子を回転させることができる。画面左下に表示される「電荷」及び「不対電子数」がいずれもゼロになっていることを確認する。これらの値がゼロになっていない場合は、分子が正しくモデリングできていないので、右側の構造式を再度確認・修正する。構造式を修正した後に再度「3Dにセット」ボタンを押す。

5.3.1.2　α－ニトロナフタレン分子の構造最適化

　5.3.1.1で作成した分子の結合距離、結合角度などはデーターベースなどの情報から推測された「平均値」であるために、個々の分子に対しては正しい値ではない（つまり最安定分子構造ではない）。そのため5.3.1.1でモデリングした分子構造を初期構造として、第一原理シミュレーションにより各原子に働く力をを計算し、力の働く方向に原子を動かしていくことにより分子の最安定構造を決定する必要がある。このシミュレーションのことを**構造最適化**と呼ぶ。「高度な設定」タブをクリックし、「計算精度」は「**普通**」を選択、「計算タイプ」は「**分子軌道**」を選択した後、「計算を始める」ボタンをクリックする。計算が終了するまでしばらくかかるので、ブラウザの更新ボタンを押してウィンドウの状態を適宜更新する。計算が終了すると、ウィンドウ上部に「計算終了」の文字が表示される。「インプットサマリ」で分子式、計算レベルを確認し、正しい計算が行われてことを確認する。「構造最適化」タブをクリックする。グラフの横軸のSTEP数が各原子を動かした回数である。STEPごとに全エネルギーが低下していることと、ある値に収束していることを確認する。最終STEPの構造の

全エネルギーを単位を含めて当日レポートにメモする。

　注）分子のモデリングで本物の構造から大きくずれた構造を作ってしまうと、計算が収束しないことや分子がいくつかのパーツに解離するなどしてしまう。その際はモデリングをやり直す。

5.3.1.3　β-ニトロナフタレン分子のモデリングおよび構造最適化

　5.3.1.1 および 5.3.1.2 でα-ニトロナフタレン分子に対して行った作業をβ-ニトロナフタレンに対して行う。構造最適化後の全エネルギーを単位も含めて当日レポートにメモする。α型の全エネルギーと比較を行い、β型の全エネルギーがα型よりも低くなっていること（つまりβ型が熱力学的安定）を確認する。

（注）全エネルギーは選択した「計算精度」に依存する。そのためα-ニトロナフタレンの計算で使用した計算精度と同じ精度を選択しないと、全エネルギーの比較ができないことに注意する。

5.3.1.4　ナフタレン（$C_{10}H_8$）分子のモデリングおよび波動関数の表示

　ナフタレン分子に対して分子のモデリング、構造最適化計算を行う。作業手順は 5.3.1.1 および 5.3.1.2 でニトロナフタレン分子に対して行ったものと同様である。構造最適化が終了したら、「分子軌道」タブをクリックして、「HOMO」を選択し「更新」ボタンを押す。しばらくすると HOMO の波動関数（$\psi_{HOMO}(r)$）が表示される。表示させた波動関数が大きな振幅を持っている（つまり電子がより多く存在している）サイトを確認し、当日レポートに記入せよ。またフロンティア軌道理論の立場からα-ニトロナフタレン優勢の事実を考察せよ。記入の後、担当者に報告し点検印をもらう。

5.3.2　ディールス・アルダー反応

　まずディールス・アルダー反応の最も簡単な例の一つとして考えられる、エチレン（C_2H_4）と *cis* 型ブタジエン（C_4H_6）が反応してシクロヘキセン（C_6H_{10}）が生成される反応を取り上げる。本課題では実際にエチレンと *cis* 型ブタジエンのモデリングおよび構造最適化を行う。それぞれの分子の HOMO（π軌道）、LUMO（π*軌道）の軌道エネルギーや波動関数をシミュレーションし、図 5.1 に示すフロンティア軌道理論の立場から、ディールス・アルダー反応を説明する。

　さらに本課題では、シクロペンタジエン（C_5H_6）と無水マレイン酸（$C_4H_2O_3$）のディールス・アルダー反応も取り上げる。この反応の生成物には図 5.5 に示すエンド型およびエキソ型の 2 種類の立体異性体が考えられるが、速度論的優勢のエンド型が主生成物であることが知られている（エンド則）。2 つの立体異性体に対して構造最適化を行い、全エネルギー比較

を行うことでこの事実を確認する。

5.3.2.1　$C_4H_6 + C_2H_4 \rightarrow C_6H_{10}$ 反応

（注）ブタジエンのモデリングでは、2D で *cis* 型を描画しても 3D 表示にした際には *trans* 型に変更されてしまう。「3D 編集」から「原子移動」を選択し、3D 描画されている炭素原子をマウスでドラッグアンドドロップして *cis* 型に修正し直す必要がある。

　　まず反応物であるエチレンおよび *cis* 型ブタジエンに対してモデリングと構造最適化を行う。作業手順は 5.3.1.1、5.3.1.2、5.3.1.3 の作業を参考にすること。最安定構造の全エネルギー、HOMO と LUMO の軌道エネルギーと波動関数を調査する。それぞれの全エネルギーや軌道エネルギーは単位も含めて当日レポートにメモする。また波動関数を表示させ、その形状や位相を観察する。図 5.1（c）で示した図と実際の波動関数を比較せよ。その後、生成物であるシクロヘキセンのモデリングおよび構造最適化を行う。最安定構造の全エネルギーを、単位も含めて当日レポートに記入し、担当者に報告し点検印をもらう。

5.3.2.2　ディールス・アルダー反応の立体選択性

　　作業手順 5.3.1.1、5.3.1.2、5.3.1.3 の作業を参考にして、図 5.5 に示すディールス・アルダー反応の生成物である 2 つの立体異性体（エンド型とエキソ型）に対して分子のモデリング、構造最適化を行う。最安定構造の全エネルギーを単位も含めて当日レポーにメモする。2 つの全エネルギーを比較し、熱力学的優勢生成物はどちらかを当日レポートに記入する。また 2 つの

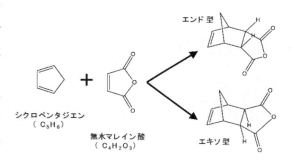

図 5.5　エンド型とエキソ型の構造式

構造をよく観察し、立体ひずみの大きな構造はどちらの異性体かを答えよ。レポートへの記入を終えたら、担当者に報告し点検印をもらう。

6. 色素

○この実験で使用する器具

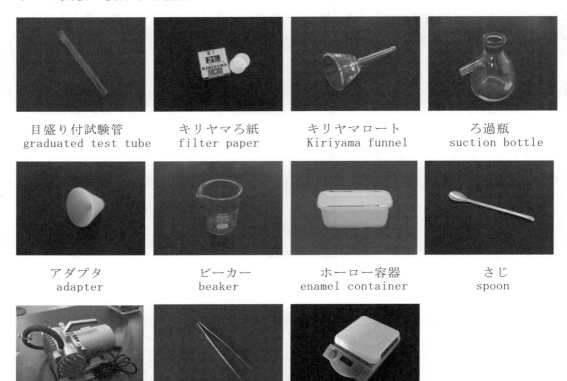

目盛り付試験管
graduated test tube

キリヤマろ紙
filter paper

キリヤマロート
Kiriyama funnel

ろ過瓶
suction bottle

アダプタ
adapter

ビーカー
beaker

ホーロー容器
enamel container

さじ
spoon

真空ポンプ
vacuum pump

ピンセット
tweezers

ホットプレート付スターラー
stirrer with a hot plate

天秤の使い方については、付録A.7参照

分注器の使い方については、付録A.8.1参照

6.1 実験目的

　アゾ基-N=N-をふくむアゾ色素は、これまでに 2000 種以上の化学構造が明らかにされており、合成色素中最多数をしめる重要な色素群である。この色素は、芳香族ジアゾニウム塩をフェノール類等とカップリングさせることにより合成される。本実験では、はじめに、p-ジアゾベンゼンスルホン酸とナフトールとのカップリング反応により得られるオレンジ色色素

を合成する。次に、色素による天然および合成繊維の染色の様子を観察する。

6.2 実験操作

（注）この実験では色素の合成を行うので、服や持ち物が着色しないよう注意する。

（注）分注器、天秤、製氷器、ポットの場所を確認する。

（注）試薬のビンの形状が似ているので間違えないこと。

（注）さじは1本しかないので、試薬の秤量を終えたら茶色のペーパータオルで拭くこと。

（注）ビーカーA、ビーカーBには、赤色と黄色のシールが貼ってある。これらのシールは液晶温度計になっており、黄色は50度を超えるとオレンジ色に、赤色は70度を超えると暗い赤色に変化する。おおよその温度を確認するために使用すること。

（注）分注器は1回に2 cm³はかり取れるように調整してある。調整つまみを動かさないこと。

（注）分注器の流路に気泡が入っていないことを確認すること。

（注）実験中の待ち時間を利用して、6.2.3の指示に従い片づけを行うとよい。

6.2.1 2-ナフトールオレンジの合成

○ はじめに、p-ジアゾベンゼンスルホン酸の合成を行う。

1. ホットプレートの背面もしくは側面にある電源を入れてから、右側のつまみを黒い矢印の位置にあわせる。

2. ビーカーD に水道水を約 50 cm³ 入れる。

3. 上皿電子天秤を用いて、0.30 g のスルファニル酸（秤量値は 0.295 g から 0.304 g の範囲）を薬包紙にはかり取り、ビーカーA に加える。

4. さらに、0.10 g の炭酸ナトリウム（秤量値は 0.095 g から 0.104 g の範囲）を薬包紙にはかり取り、ビーカーA に加える。

5. ビーカーD から目盛り付き試験管を使って 4 cm³ の水道水をはかり取る。

6. 目盛り付き試験管を用いてはかり取った水道水をビーカーA に加える。

7. ビーカーA 内の試薬をガラス棒でかきまぜながら、ホットプレート付きスターラーで加温してすばやく溶かす。

   （注）この時、赤色の液晶温度計の色が変化しないよう、加熱方法に注意する。

8. 製氷機上の計量カップに氷をすりきり一杯とり、ホーロー容器に入れる。

9. ビーカーC に水道水を約 100 cm³ はかりとり、その水道水をホーロー容器に入れる。

10. ホットプレートで加熱したビーカーA を、ホーロー容器内の氷水で 5 分間冷やす。

11. 5 分経過したら、ビーカーA をホーロー容器から取り出す。

12. 上皿電子天秤ではかり取った 0.10 g の亜硝酸ナトリウムをビーカーA に加えた後、ガラス棒でかきまぜて溶かす。

13. ホーロー容器内の氷水を捨て、操作 8、9 に従い、新たに氷水を作る。

14. ビーカーA をホーロー容器内の氷水につけて 5 分間冷やす。

15. ビーカーD から目盛り付き試験管を使って 2 cm³ の水道水をはかり取る。

16. 水道水の入った目盛り付き試験管へ、ドラフト内の分注器中の 10%硫酸水溶液 2 cm³ をはかり取る。

17. 氷水につかっているビーカーA に、目盛り付き試験管内の硫酸水溶液を加える。

18. 引き続き、冷やし続けながら、ビーカーA 内の溶液を細かい白色粉末（これが p-ジアゾベンゼンスルホン酸）が出てくるまで、ガラス棒で素早くかきまぜる。ときには粉末が出てくるまでに相当かきまぜを続けなければならないこともある。

（注）粉末の大きさが大変小さいため液体は白くにごる。液体が牛乳のように白くなったら、次の反応に十分な粉末が出たと判断する。

（注）2〜3 分かき混ぜても変化がない場合は、担当者に相談する。

○ 次に、p-ジアゾベンゼンスルホン酸と 2-ナフトールのナトリウム塩とのジアゾカップリングを行う。

19. 上皿電子天秤で 0.23 g の 2-ナフトール（秤量値 0.225 g から 0.234 g の範囲）をはかり取り、ビーカーB に加える。

20. ビーカーB にドラフト内の分注器から 8%水酸化ナトリウム溶液を 2 cm³ はかり取る。

21. ガラス棒でかきまぜながら、2-ナフトールを水酸化ナトリウム水溶液に溶かす。（溶けにくい時はホットプレート上で加温して溶かす。）

22. ホーロー容器内の氷水を捨て、操作 8、9 に従い、新たに氷水を作る。

23. ビーカーA とビーカーB を両方ともホーロー容器内の氷水につけて、溶液を 5 分間冷やす。

24. ビーカーをホーロー容器内から取り出した後、ビーカーB にビーカーA で生成した p-ジアゾベンゼンスルホン酸の結晶を含むけんだく液をガラス棒でかきまぜながら加える。

25. ビーカーを手のひらで覆って暖めながら、さらにおだやかにかき混ぜる。

26. 冷たく感じなくなってからも、手のひらで覆って暖めながら、さらに 5 分間かき混ぜる。
アゾカップリングが起こり、ビーカーB 内の赤い水溶液は、オレンジ色の色素の粉末と水

溶液の混合物に変化する。

○ 色素の再結晶を行う

27. 上皿電子天秤で食塩 0.5 g（秤量値 0.450 g から 0.540 g の範囲）をはかり取る。

28. ビーカーB をガラス棒でかき混ぜずにホットプレートで加温すると、色素がとけて底のほうから色が濃くなる。濃くなった部分が液の高さの半分まで広がったら、ホットプレートから下ろす。

29. ガラス棒でかき混ぜて、全体を濃い色の溶液にする。

30. はかり取った食塩 0.50 g をビーカーB に加える。この時、食塩は溶けなくてもかまわない。

31. ビーカーB 内の溶液を軽くかき混ぜた後、5 分間、室温で静かに冷やす。

32. ホーロー容器内の氷水を捨て、操作 8、9 に従い、新たに氷水を作る。

33. ビーカーB をホーロー容器内の氷水につけて 5 分冷やす。

○ 析出した色素の結晶をろ別する。

34. 真空ポンプの電源コードをコンセントに差し込む。

35. ゴム管の途中についている三方コックのピンクの印が黄色の印と正反対に一直線になるようにする。

36. 真空ポンプのスイッチを入れる。

（注）大きな音がする場合は、コックの印の合わせ方が間違っていることが多いので、スイッチを切って、コックの位置を確認する。

37. ろ過びんをスタンドの白色の丸いホルダーに設置する。

38. ホースの先をろ過ビンにつなぐ。アダプタの細いほうをろ過ビンにのせる。

39. アダプタの穴に桐山ロートのガラス管の部分を差し込んで、ロートを固定する。

40. 1 枚のろ紙を折らずにロートにのせた後、ろ紙にビーカーD から水道水をたらす。

41. 三方コックのピンクの印をつまみ側から見て時計方向に回し、赤の印の方へゆっくり回す。

42. ろ紙上の水が吸いこまれて、ろ紙がロートに張りついたら、三方コックのピンクの印を黄色と正反対にする。

43. 析出した色素を含む溶液を、ガラス棒を使って、ろ紙上にゆっくり加える。

44. 三方コックのピンクの印をつまみ側から見て時計方向に回し、赤の印に一致するまで回す。

45. ろ紙上に粉状の色素が残る。三方コックのピンクの印をつまみ側から見て反時計方向に回し黄色の印と正反対一直線になるようにする。

46. ろ紙上の色素に飽和食塩水を滴瓶からスポイトで2回（2滴ではない。約2 cm³）加える。

47. 三方コックのピンクの印をつまみ側から見て時計方向に回し、再び赤色にあわせて吸引ろ過を行う。

48. ろ紙上の色素がカラカラに乾燥したら、三方コックのピンクの印をつまみ側から見て反時計方向に回し黄色の印と正反対一直線になるようにする。

49. ロートとアダプタをはずして、ビーカーCに立てる。

50. ホースからろ過ビンをはずす。

51. ビーカーCに立てたロートとアダプタをろ過ビンにのせる。

52. ポンプのスイッチを切る。

（注）ビーカーBは試験布の染色が終わるまで、実験台においておく。

（注）色素の付着したガラス棒はビーカーBに入れておく。

6.2.2　試験布の染色

　できた色素の、綿、絹、羊毛等に対する染色性について試験布（何種類かの布を織りまぜたもの）を染めて調べる。

1. ホットプレートのつまみを赤の矢印に合わせる。

2. ポットの湯50 cm³をビーカーCにとる。

3. さじの小さいほうでろ紙上の色素をおおよそすりきり一杯（約0.1 g）取る。

4. 色素のついたさじをビーカーCの湯の中につけて色素を溶かす。

5. ビーカーCに分注器を用いて、2 cm³の10%硫酸水溶液を加える。

6. ビーカーCに班の人数分の試験布を入れる。

7. 試験布の入ったビーカーCをホットプレーで加熱する。

（注）泡が発生するほど激しく沸騰すると中の液体が飛び出すので、湯気が昇る程度で加熱できるように目盛りを調整する。

8. 布を入れてから15分間、加熱を続ける。

9. 染色された試験布をピンセットで、ビーカーDにとり出し、水道水でよく洗う。

（注）試験布が流水で排水溝に流れていかないように工夫して洗うこと。

56

（注）洗浄に用いた水が無色透明になるまで洗浄する。

10. 水洗後の試験布の湿気を新聞紙にはさんでよく吸い取る。

11. 乾いた試験布はティッシュペーパーにはさんで持ち帰る。

（注）試験布は、報告書に張りつけて提出すること。試験布の無い報告書は大幅な減点となるので注意する。

6.2.3 実験器具の片付け

1. ガラス棒に付着した固体を、布を取り出した後のビーカーC内の染色液に溶かす。ガラス棒表面についている色素溶液はペーパータオルでふき取る。ふき取った後はブラシを使って実験台流しで水洗いする。

2. 色素のはかりとりに使ったさじの色素付着部分をペーパータオルで拭き取る。ふき取った後、さじ全体をブラシを使って実験台流しで水洗いする。

3. ろ過瓶内のろ液を実験台にある廃液びんに回収する。一次および二次洗浄液を回収した後、実験台流しで水洗いする。

（注）一次洗浄、二次洗浄は洗びん内の少量の水道水で行う。この段階で完全に汚れが落ちなくても構わない。あとは流しで洗浄する。

（注）色素の実験では水道水を利用するので、イオン交換水での洗浄は必要ない。しかし、他の実験ではイオン交換水を使用するので、間違えないように注意すること。

4. ビーカーAについても、一次および二次洗浄液を実験台にある廃液びんに回収した後、実験台流しで水洗いする。

5. ビーカーBは実験台にある緑色のトレイに置く。

6. 桐山ロートは実験台にある緑色のトレイに置く。アダプタに色素がついた場合も緑色のトレイに置く。

7. 染色液の入ったビーカーCは、火傷しないように気をつけて、実験台にある緑色のトレイに置く。

8. 上記に指示のない使用した器具は実験台流しで水洗いする。

9. 色素の付着したペーパータオルは専用の容器に捨てる。

10. 薬包紙、新聞紙は一般のゴミ箱に捨てる。

6.3 課題（この部分について、報告書は手書きとすること）

(1) p−ジアゾベンゼンスルホン酸を合成する際、氷浴中で行なうのはなぜか理由を述べよ。

(2) この実験で用いた試験布には端から、①ポリエステル紡績糸、②生糸 （絹）、③アクリル紡績糸、④レーヨンフィラメント、⑤羊毛糸、⑥アセテートフィラメント、⑦ナイロンフィラメント、⑧綿糸 の順に 8 種類の繊維が織り込まれている。このうち、全く染色されないのが、①ポリエステルである。布地の違いによる色素の染まり具合の違いについて、観察した結果を書け。

(3) 試験布の繊維の化学構造を調べて記せ。

(4) 課題(2)の結果について、布地の構造とあわせてその違いを考察せよ。

(5) 2−ナフトールオレンジのナフトール部分がジメチルアニリンに置き換わった色素は、メチルオレンジとして知られている。この色素の構造式を示せ。

(6) メチルオレンジは、溶液の酸性度によって変色する酸・塩基指示薬として知られている。酸性条件下および塩基性条件下での、構造式と色を調べて示せ。

6.4 参考書

　高校で用いた「化学」の教科書、「化学図表」や「化学図録」などの副教材に、今回の実験の内容を理解するための情報が記載されている。

　また大学の附属図書館に所蔵されている書籍のうち、「有機化学」、「色素」あるいは「染料」等に関する書籍にも上記内容を理解するための情報が記載されている。所蔵図書に関しては各図書館の文献検索システムを活用する。

7. 有機化学演習

（注）有機化学演習では、対面で実施した場合、当日レポート、プリンターからの印刷物、点検表の3点の提出で完了する。報告書提出は無い。

（注）各演習が正しく行われると、当日レポートに担当者の点検印が押される。点検印が押されていない当日レポートが提出された場合、その当日レポートは採点しない。

（注）オンラインで実施した場合、プリンターからの印刷の代わりにスクリーンショットを添付した当日レポートのみを提出する。作成の際は提出物作成法の指示に従うこと。

対面版 （対面の場合のみ実施する。オンラインの場合はオンライン版を実施）

演習7.1「分子模型」

7.1.1　演習の目的

　教科書に掲載されている多くの分子の形は二次元で表現されているために、原子がどのような順番で結合しているかはわかるものの、各原子が三次元的にどのような相対的位置を占めているかを想像するのは難しい。そこで、本演習では、HGS分子模型を用いて簡単な分子の形をスケッチすることにより、分子の形を予測する方法の一つである「電子対反発則」を理解し、二次元で表現された分子の形を頭の中で三次元に想像する力を養うことを目的とする。

7.1.2　原理

　分子の形は、「中心原子価殻にある電子対が互いに反発して最も高い対称性を取ろうとする」という電子対反発則を用いると予測することができる。電子対反発則では、共有電子対の数および非共有電子対の数を考慮することにより、分子の形は直線形、三方平面形（平面三角形）、折れ線形、四面体形および三角錐形のいずれかに分類される。

（注）分子模型のパーツが外れない場合は、手をあげて、担当者に申し出ること。
（注）作製した模型は、点検印をもらうまでバラバラにしない。

7.1.3　分子模型の作成

7.1.3.1　メタン分子の作製とスケッチ

　メタン分子は、1つの炭素原子に4つの水素原子が単結合で結合した分子である。炭素原子に黒い多面体の球を、水素原子に水色の球を用いてメタン分子を完成せよ。完成したら、

炭素原子とそれに結合している 4 つの水素原子がわかるように模型のスケッチ、メタン分子の共有電子対の数、非共有電子対の数および分子の形を当日レポートに記入せよ。

7.1.3.2　アンモニア分子の作製とスケッチ

　アンモニア分子は、1 つの窒素原子に 3 つの水素原子が単結合で結合し、さらに結合にあずからない一対の非共有電子対を有する分子である。窒素原子に青い多面体の球、水素原子に水色の球、そして非共有電子対に緑色 p 軌道板（涙滴型の部品）を用いてアンモニア分子を完成せよ。完成したら、7.1.3.1　**メタン分子の作製とスケッチ**と同様に必要な情報を当日レポートに記入せよ。

7.1.3.3　水分子の作製とスケッチ

　水分子は、1 つの酸素原子に 2 つの水素原子が単結合で結合し、さらに結合にあずからない二対の非共有電子対を有する分子である。酸素原子に赤い多面体の球、水素原子に水色の球、そして非共有電子対に緑色の p 軌道板（緑色の涙滴型の部品）を用いて水分子を完成せよ。完成したら、7.1.3.1　**メタン分子の作製とスケッチ**と同様に必要な情報を当日レポートに記入せよ。

7.1.3.4　三フッ化ホウ素分子の作製とスケッチ

　三フッ化ホウ素分子は、1 つのホウ素原子に 3 つのフッ素原子が単結合で結合した分子である。ホウ素原子にオレンジの多面体の球を、フッ素原子に緑色の多面体球を用いて三フッ化ホウ素分子を作製せよ。完成したら、7.1.3.1　**メタン分子の作製とスケッチ**と同様に必要な情報を当日レポートに記入せよ。

（注）4 種類のスケッチが終了したら、手をあげて担当者の点検印をもらうこと。

オンライン版 （オンラインの場合のみ実施する。対面の場合は対面版を実施）

演習 7.1「分子模型」

7.1.1　演習の目的

　教科書に掲載されている多くの分子の形は二次元で表現されているために、原子がどのような順番で結合しているかはわかるものの、各原子が三次元的にどのような相対的位置を占めているかを想像するのは難しい。そこで、本演習では、コンピューター上で分子を作成し、それらの結合角を測定することにより、分子の三次元構造を理解することを目的とする。

実際に演習を始める前に、ホルムアルデヒドを例にプログラムの操作法を説明する。プログラムのダウンロードと環境構築は、事前連絡の方法に従って行う。ここでは、起動後の操作の説明を行う。

7.1.2　プログラム操作法

　分子の形は、「中心原子価殻にある電子対が互いに反発して最も高い対称性を取ろうとする」という電子対反発則を用いると予測することができる。電子対反発則では、共有電子対の数および非共有電子対の数を考慮することにより、分子の形は直線形、三方平面形（平面三角形）、折れ線形、四面体形および三角錐形のいずれかに分類される。

1. 画面下の 🈴 アイコンをシングルクリックする。
2. 「Education」→「Science」→「Ghemical」とたどって、「Ghemical」の部分をシングルクリックする。
3. 「Ghemical 2.10」ウィンドウが現れる（図 7.1.1）。

（注）新しい操作画面を表示したい場合、「File」を左クリックし、「New」を選択する。

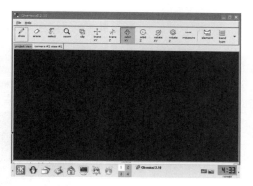

図 7.1.1 Ghemical の起動画面

4. 「element」で周期表を表示して「C（炭素）」を選択し、「draw」ボタンが押されていることを確認してから、画面の中央をクリックする（図 7.1.2）。
5. 「element」で周期表を表示して「O（酸素）」を選択した後、「bond type」で「double（二重結合）」を選択する。

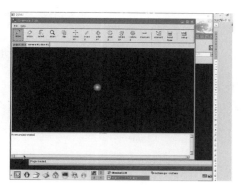

図 7.1.2 炭素原子を表示

61

6. 画面の炭素原子上でマウスのクリックボタンを押したまま、下に移動してマウスボタンを離すと炭素—酸素二重結合が表示される（図7.1.3）。

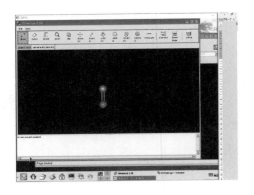

図 7.1.3 炭素—酸素二重結合を表示

7. 炭素上で右クリックして、メニューを表示し、「build」->「Hydrogens」と移動して、「Add」をクリックすると、2つの炭素—水素結合が追加される（図7.1.4）。

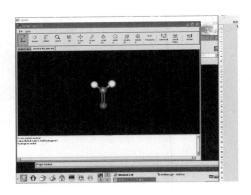

図 7.1.4 ホルムアルデヒドの表示

8. 黒い画面のどこかで、マウスを右クリックしてメニューを表示した後、「Compute」-> 「Geometry optimization」を左クリックし、表示されたウィンドウの「OK」ボタンを押す。

9. 黒い画面下に「the gradtermination test was passed.」が表示されたら、黒い画面のどこかで、マウスを右クリックしてメニューを表示し、「File」->「Export」をクリックする。

10. 「Export File」の「Automatic」を左クリックすると、複数の選択肢が表示されるので、カーソルを「Chemical Markup Language」に移動して、左クリックする。

11. 「Export File」が「Chemical Markup Language」と表示されているのを確認し、その下の欄の表記を「formaldehyde.gpr」のように「アルファベットの任意の名前」と「.gpr」と変更したら、「OK」ボタンを左クリックする（図7.1.5）。

図 7.1.5 jmol でのホルムアミドの表示

12. 左下の「Kと歯車の重なったアイコン」を左クリックしてメニューを表示し、「Education」-> 「Science」と移動して「jmol」をクリックする。

（注）操作画面が表示されていないときは、画面下真ん中当たりに現在開いているウィンドウの名前が表示されているので、クリックすると前面に表示される。前面の画面に表示されると太字の表示に変わる。

13. 「File」-> 「Open」で ghemical で作成した「.gpr」ファイルを選択する。

14. 画面に分子構造が表示されたら、「Display」-> 「Label」を選択して、「Number」のラジオボタンをクリックし、原子に数字を表示する。

16. 「Tools」-> 「Measurements...」を選択し、「Measurements...」ウィンドウを表示する（図

図 7.1.6 「Measurements…」の表示

7.1.6)。

17. 結合角を調べるために、1つ目の原子（例えば酸素原子）をダブルクリックすると、カーソルが「十字」表示になる。

18. 十字を動かすと1つ目の原子から破線がのびるので、そのまま伸ばして、2つ目の原子（例えば炭素原子）をクリックし、さらに3つ目の原子（例えば水素原子）をダブルクリックする。分子上と「Measurements…」に選択した原子の結合角が表示される（図7.1.7）。

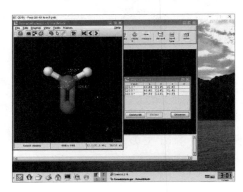

図 7.1.7 結合角の表示

（注）選択する原子上に「H3 #3」のような原子の情報が表示されてから、クリックすると原子の選択がうまくいきやすい。

（注）表に数値が出ない場合があるが、分子上に表示されていれば問題はない。

（注）選択を間違えてデータを削除したい場合、「Measurements…」の削除したい行をクリックすると色が変わって、下の「Delete」が表示されるので、「Delete」を押す。分子上の表示が消えると削除に成功。「Measurements…」の表示が変わらなくても気にしない。

（注）他の分子で操作を行う場合は、「File」->「New」を選んで新しいウィンドウを表示してから行う。

19. ホルムアルデヒドでは、3種類の結合角を表示したら、「QEMU」と表示されたウィンドウのスクリーンショットを当日レポートの指定箇所にペーストする。

　　スクリーンショットの取り方の例。

　1.　「Ctrl」と「Alt」キーを同時に押して、windowsの世界に戻る。

　2.　「Shift」と「Windows」と「s」キーを同時に押すとスクリーンショット可能な画面になる。

　3.　上部真ん中の表示のうち、四角が2つ重なって右下に十字のあるアイコンを選択する

4. 「QEMU」と書いてある辺りを左クリックする
5. 画面右下にクリップボードにコピーされた画像が表示されるので、当日レポートにペーストする。

7.1.3　分子模型の作成

7.1.3.1　メタンの結合角

メタン（CH_4, methane）の、4か所の H-C-H 結合角を測定する。

7.1.3.2　二酸化炭素の結合角

二酸化炭素（CO_2, carbon dioxide）の、1か所の O-C-O 結合角を測定する。

7.1.3.3　エテンの結合角

エタン（CH_2=CH_2. ethane）の、2か所の H-C-H 結合角と 4か所の H-C-C 結合角を測定する。

7.1.3.4　エチンの結合角

エチン（HC≡CH, ethyne）2か所の H-C-H 結合角と 4か所の H-C-C 結合角を測定する。

（注）操作 8 を行う際、「Geometry Optimization」のメニュー内の「Delta E Cutoff:」のラジオボタンを選択し、チェックのしるしがついたら、「OK」ボタンを押す。

7.1.4　参考書

梅本宏信編　「基礎から学ぶ大学の化学」培風館　2011 年

演習 7.2 「1CD Linux "Knoppix 5.1" による分子モデリングと分子力場計算」

7.2.1　演習の目的

　比較的少数の原子より構成される分子は、**対面版の演習** 7.1 で行ったように、HGS 分子模型等を用いることによってその三次元構造を容易に理解することができる。あるいは、**オンライン版の演習** 7.1 で行ったように、教科書に掲載の化合物の三次元構造を分子モデリングソフトを用いて短時間で作成することができた。しかし、我々の身の回りで用いられている分子、例えば、本演習で取り上げる pH 指示薬などは原子数の多い複雑な分子のため、作製に多大な時間を要する。本演習では、分子モデリングソフトを用いて複雑な分子を組み立てることにより、短時間で容易に、相当する分子の三次元構造を理解する方法を習得することを目的とする。

7.2.2　原理

　分子力場計算では、ある原子の電子数と質量数によって決まる半径と質量を持った負電荷を帯びた球がバネで結合されることにより分子ができていると考えて、分子の持つひずみエネルギーの計算を行う。このエネルギーが最小値の場合、分子は理想的な三次元構造を持つと判断する。分子の持つひずみエネルギーを計算するためには、このエネルギーの起源について理解する必要がある。はじめにバネの動きに注目する。例えば、下図のような直線状に並んだ 3 原子分子では、バネの動きは矢印で表された 2 種類に分類される。

図 7.2.1　結合をバネで表した三原子分子

左に示す直線状の矢印はバネの伸び縮みを示し、右の弧を描いた矢印はバネの曲げを示す。この原子の二つのバネはお互いに独立に変化し、常に結合の距離と角度に関する「自然」値を回復するように動くと考える。このように仮定すると、結合の伸び縮みと結合角の変化はフックの法則に従う。次に、以下に示すエタンのように単結合の周りが自由回転できると、6つの水素原子の空間的位置関係に違いが生じる。この違いは炭素－水素結合の電子対間の静電的反発力が変化することで評価する。

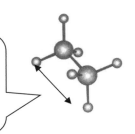

右図より距離が長いので、右図の状態より小さな静電的反発力が働く。

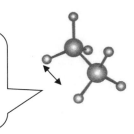

左図より距離が短いので、左図の状態より大きな静電的反発力が働く。

実際の計算では、エタンの炭素－炭素結合に沿って正射影した場合の二つの炭素－水素結合の作る角度（これをねじれ角という）を変化させて、共有電子対間の静電的反発力を求める。最後に、結合していない原子間には空間を介した相互作用が働くので、この相互作用の大きさを評価する。これら「結合の伸縮に由来するエネルギー」、「結合角の変化に由来するエネルギー」、「ねじれ角の変化に由来するエネルギー」「空間を介した相互作用」の総和が、分子の持つ全ひずみエネルギーとなる。本演習のプログラムは、結合距離、結合角、ねじれ角等を変化させて全エネルギーを計算し、最小値の構造が理想的な分子の三次元構造であると判定する。

7.2.3　1CD Linux の起動（オンラインの場合、オンライン環境の設定方法の指示に従う）

トレイ内のファイルの記載事項に従い、起動を行う。

7.2.4　Ghemical による分子モデリング

ここでは、例として「6. 色素」の実験で用いるスルファニル酸分子（下記構造式を参照）を画面上で作製した後、エネルギー計算を行ってみる。

$$H_2N-\!\!\!\bigcirc\!\!\!-SO_3H$$

☆分子モデル作製のポイント

1)　色素をいくつかのパーツにわけて、組み立てる順序を考える。この例では、3つのブロックに分けて、以下に示す①から③の順に組み立てる。

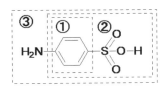

2) ブロック①を組み立てたら、各共有結合の長さと各々の結合間の角度を理想的な値に近くするために計算を行う。

3) ブロック①の共有結合と結合間の角度が理想的な値に近くなったら計算を終了する。終了のポイントは、具体的な操作法に示す。

4) ブロック②から③の組み立てを、操作2)、3)を繰り返して行う。

5) 最後に、エネルギーを計算し、当日レポートに記入する。

上記の方法により比較的短時間で、スルファニル酸分子を完成させる事ができる。以下に具体的な操作方法を示す。

7.2.4.1 スルファニル酸作成のための操作方法説明

1. 画面下の アイコンをシングルクリックする。

2. 「Education」→「Science」→「Ghemical」とたどって、「Ghemical」の部分をシングルクリックする。

3. 「Ghemical 2.10」ウィンドウが現れる（**図7.2.2**）。

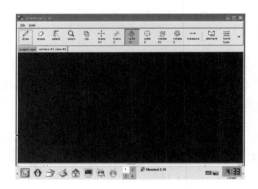

図 7.2.2 Ghemical の起動画面

⬡ **ブロック①（ベンゼン）の作製**

4. 「draw」アイコンをクリック後、上列の右端の「bond type」アイコンをクリックすると、「Set Current Bondtype」ウィンドウが現れる（**図7.2.3**）。

5. ベンゼン分子では炭素原子が正六角形をつくり、それぞれの炭素に水素原子が1個ずつ結合している。この分子の炭素－炭素結合の長さは一重結合と二重結合の中間の長さであるため、このような構造を表すためには2つの電子式を両頭の矢印で結んで、極限構造の共鳴混成体として表す。

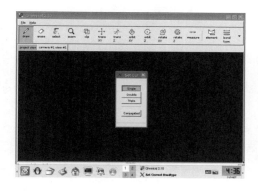

このソフトでは、ベンゼン分子のような共鳴混成体となる分子の一重結合や二重結合を「Conjugated」（共役している）結合で示す。そこで、ベンゼン分子を作製するために、「Set Current Bondtype」ウィンドウの「Conjugated」を選択して六角形を描く。（「Set Current Bondtype」ウィンドウの「Single」、「Double」、「Triple」および「Conjugated」はそれぞれ一重結合、二重結合、三重結合および共役している結合を意味する）。

6. 画面中の適当なところで、マウスをクリック＆ドラッグして六角形を描く（**図 7.2.4**）。

図 7.2.3	図 7.2.4

（注）間違えた場合は、消しゴムの形をした「Erase」アイコンをクリックした後、消したい部分をクリックする。

7. 次に、分子の構造を整える。

1) 黒い画面の適当なところで、右クリックしてメニューを出す。

2) 上から 6 番目の「Compute」→「Geometry Optimization」をシングルクリックする。

3) 「Geometry Optimization」ウィンドウが現れるので、何も変更せずに「OK」ボタンを押す（**図 7.2.5**）。

4) 画面下の枠に計算の結果がリアルタイムに表示されて止まる。

5) もう一度、黒い画面の適当なところで、右クリックしてメニューを出し、上から 6 番目の「Compute」→「Geometry Optimization」をシングルクリックする。

6) 先ほどと同様、「Geometry Optimization」ウィンドウが現れるので、この場合も、何も変更せずに「OK」ボタンを押す。

7) 2)から 6)までを繰り返し、画面下の枠に計算の結果の「Cycle」の行が 3 行以下（図

では1行）になったら計算終了（図7.2.6）。

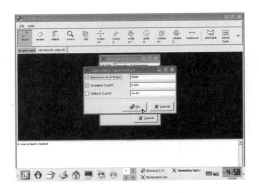

図 7.2.5

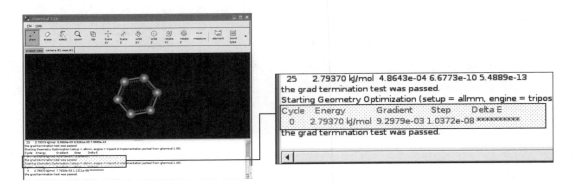

図 7.2.6

8. 分子の回転と拡大縮小

　○　分子を回転させてみる。

　1)　上メニューの「Orbit XY」アイコンをシングルクリックした場合、黒い画面上での
　　　カーソルの動きに合わせて、自由に回転する。

　2)　上メニューの「Orbit Z」アイコンをシングルクリックした場合、黒い画面上でのカ
　　　ーソルの動きに合わせて、平面上で自由に回転する。

　○　拡大・縮小をしてみる。

　1)　上メニューの「Zoom」アイコンをシングルクリックした後、黒い画面上でマウス左
　　　ボタンを押したまま、カーソルを上下に動かすと、縮小・拡大する。

ブロック② (ベンゼンスルホン酸) の作製

9. 置換基「-SO₃H」は硫黄原子に二つの酸素原子が二重結合により結合し、残りの酸素原子は、一重結合で硫黄原子、水素原子と結合している。まず、上列右から 2 番目の「element」アイコンをクリックした後、「Set Current Element」ウィンドウの周期表上の硫黄原子「S」をシングルクリックする (**図 7.2.7**)。

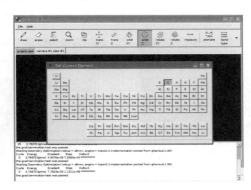

図 7.2.7

10. 「Set Current Bondtype」ウィンドウの「Single」を押して、ベンゼン環の炭素原子をクリック、押したまま、適当に直線を引く (**図 7.2.8**)。

11. 次に、炭素―硫黄一重結合の場合の操作にならって、硫黄―酸素二重結合、硫黄―酸素一重結合を書く (**図 7.2.9**)。水素原子はこの段階では結合させない。

12. 最後に、ベンゼン分子のときと同様に、分子の構造を整える。

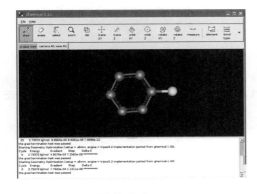

図 7.2.8

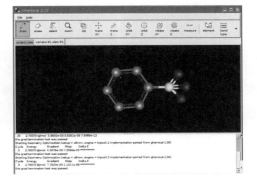

図 7.2.9　ベンゼンスルホン酸

H_2N —⬡— $S{\overset{O}{\underset{O}{\|}}}O-H$

ブロック③（スルファニル酸）の作製

13. 置換基「-SO₃H」と同様の操作で、アミノ基「-NH₂」の窒素原子を書く。水素原子はこの段階では結合させない。

14. ベンゼン分子のときと同様に、分子の形を整える（図 7.2.10）。

15. 最後に必要な水素原子を結合させる。右クリックしてメニューを出し、「Build」→「Hydrogen」→「Add」で必要な原子を結合する（図 7.2.11）。

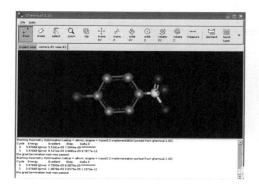
図 7.2.10（水素原子結合前）

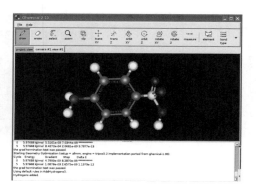
図 7.2.11（水素原子結合後）

16. もう一度、分子の形を整える。

17. スルファニル酸が完成し、形が整った状態となるので、ポテンシャルエネルギーを計算する。

18. 黒い画面の適当なところで、右クリックしてメニューを出す。

19. 上から 6 番目の「Compute」→「Energy」をシングルクリックする。

20. 画面下の枠の計算結果の最終行に、例えば「Energy = 7.02577082 kJ/mol」と出る。

（注）当日レポート用に選んだ構造式では、得られた値の小数点第三位を四捨五入した値を記入する。

（注）対面の場合、実験担当者に報告し、正しい構造が完成したかどうかを確認する。実験担当者から正しいと言われたら、その値を当日レポートに記入し、点検印をもらう。スルファニル酸の練習では確認する必要はない。

21. 計算した結果をファイルに保存する。黒い画面上で右クリック→「File」→「Export」

を選択すると「Export File」ウィンドウが現れる（図 7.2.12）。

22. 「Automatic」ボタン、右の下向きの矢印をクリックする（図 7.2.13）。

 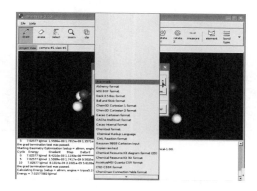

図 7.2.12　　　　　　　　　　　　　　　　　　図 7.2.13

23. 上から、12 番目の「Chemical Markup Language file -- .cml」をクリックする（図 7.2.14）。

24. 「Browse」ボタンを押す。

25. 「/ramdisk/home/knoppix」ボタンを確認する（図 7.2.15）。

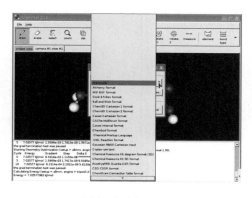

図 7.2.14　　　　　　　　　　　　　　　　　　図 7.2.15

26. 「Selection: /ramdisk/home/knoppix」の下に適当なファイル名を入力し、「OK」ボタンを押す（図 7.2.16）。

27. 「Export File」ウィンドウが再び現れるので、「Chemical Markup Language file -- .cml」ボタンの下が、「/ramdisk/home/knoppix/自分の入力したファイル名」であることを確認して、「OK」ボタンを押す。

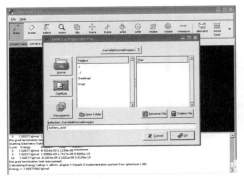

図 7.2.16

7.2.4.2　選択した分子の作成

（注）操作法の練習はここまでで、終了する。「File」→「New」を選択すると新しいウィンドウ
　　が現れる。操作 1 から操作 20 を参考にして、担当者の指示に従って下に示す構造式を 1 つ
　　ずつ選んで組み立てを行う。

（注）対面の場合、組み立てが終了したら、操作 20 の注に従い、担当者にエネルギーを報告して
　　点検印をもらうこと。点検印をもらった後、操作 21 以降を参考に引き続き組み立てを行
　　う。

化合物群 A	化合物群 B	化合物群 C
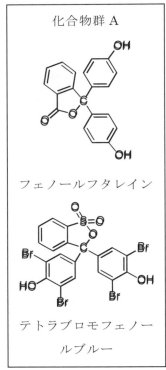	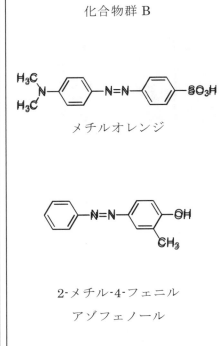	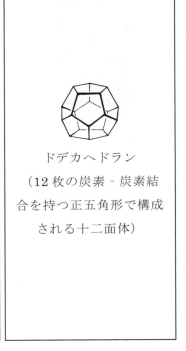

化合物群 A

フェノールフタレイン

テトラブロモフェノー
ルブルー

化合物群 B

メチルオレンジ

2-メチル-4-フェニル
アゾフェノール

化合物群 C

ドデカヘドラン

（12 枚の炭素‐炭素結
合を持つ正五角形で構成
される十二面体）

（注）オンラインの場合は、「フェノールフタレイン」と「メチルオレンジ」の構造を作成し、ス
　　　クリーンショットと計算で得られたエネルギーの値を使って、当日レポートのファイルを
　　　作成する。

7.2.5　対面の場合の Jmol を用いた表示と印刷（オンラインの場合、7.2.5 の操作は行わない）

28. 画面下の  アイコンをシングルクリックする。

29. 「Education」→「Science」→「Jmol」とたどって、「Jmol」の部分をシングルクリック
　　　する。

30. Jmol と表示されたウィンドウが現れる（図 7.2.17）。

31. 「File」→「Open」からウィンドウを表示する（図 7.2.18）。

図 7.2.17

図 7.2.18

32. 「自分が入力したファイル名」のついたアイコンをクリックし、青色にハイライトさせ
　　　た後、「Open」ボタンを押す（図 7.2.19）。

33. 作製した分子が表示される（図 7.2.20）。

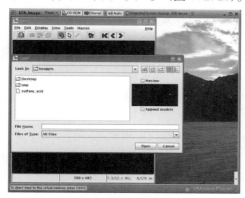
図 7.2.19

図 7.2.20

34. 黒い画面上で、右クリック→「Color」→「Background」→「White」を選択し、背景色を白に変更する（図 7.2.21）。

35. 確認が済んだら、「File」→「Print」から「Print」ウィンドウを開く（図 7.2.22）。

図 7.2.21

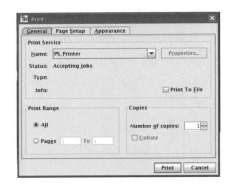

図 7.2.22

36. 「Print」ボタンを押して、印刷する。

（注）プリンターから印刷物が出てこない場合は、USB-LAN アダプタを別の USB ポートにつなぎかえること。操作 35 と操作 36 は「<u>行わずに</u>」プリンターから印刷物が出てくるかどうかを確認する。

37. 出力された紙に学籍番号、氏名、化合物名およびそのエネルギー値を記入する。

38. 次に、「File」→「Exit」とたどって、「Exit」をシングルクリックし、Jmol を終了する。

39. パソコンのシャットダウンを行う。画面下の [アイコン] アイコンをシングルクリックし、「Logout」を選択する。

40. 「Turn Off Computer」ボタンを押す。

41. 水色の文字で「Please remove CD, close cdrom drive and hit return.」が表示される

（注）CD/DVD ドライブのトレイが開いた場合は、そのまま閉じる。

42. エンターキーを押す。

43. 電源が切れる。

44. 点検表を見ながら、トレイの中身を確認する。

45. 担当者に点検表とトレイの中身を確認してもらう。

46. 当日レポート、出力された紙、点検表を指定された場所に提出する。

7.2.6　参考書

U. ブルケルト、N. L. アリンジャー「分子力学」啓学出版、1986 年

付録

　ここでは、化学実験を実施する上で理解しておくべき基礎知識、習得しておくべき基本操作について記す。

A.1　イオン交換水

　特に指示しない限り、化学実験では溶液の調製やガラス器具の最終洗浄にはイオン交換水を使用する。

　イオン交換水は、水を陽イオン交換樹脂(R-H)と陰イオン交換樹脂(R-OH)に通すことによって、含まれるイオンを取り除いたものである。例えば、塩化ナトリウムを含む水を陽イオン交換樹脂床に通すと、

$$\text{R-H} \quad + \quad \text{Na}^+ \quad + \quad \text{Cl}^- \quad \rightarrow \quad \text{R-Na} \quad + \quad \text{H}^+ \quad + \quad \text{Cl}^- \tag{1}$$

のように、樹脂に結合していた H^+ と食塩水中の Na^+ との間で陽イオン交換反応が起こる。陽イオン交換樹脂床を通った溶液を陰イオン交換樹脂床に導くと、

$$\text{R-OH} \quad + \quad \text{H}^+ \quad + \quad \text{Cl}^- \quad \rightarrow \quad \text{R-Cl} \quad + \quad \text{H}_2\text{O} \tag{2}$$

のように、樹脂に結合していた OH^- と食塩水中の Cl^- との間で陰イオン交換反応が起こる。(1)式と(2)式のイオン交換反応を足し合わせると、

$$\text{R-H} \quad + \quad \text{R-OH} \quad + \quad \text{Na}^+ \quad + \quad \text{Cl}^- \quad \rightarrow \quad \text{R-Na} \quad + \quad \text{R-Cl} \quad + \quad \text{H}_2\text{O} \tag{3}$$

となる。(3)式が、イオン交換樹脂による水の精製の原理である。もちろん、電荷を持たない不純物はイオン交換樹脂では除去できない。

　イオン交換水は実験台の上のポリタンクに貯蔵してある。ポリタンクからポリ洗瓶に分取する際は、以下の操作を行う。

(1)　ポリタンク上部の栓をゆるめ、ポリタンクの内部圧を大気圧に等しくする。

(2)　ポリ洗瓶の栓を外し、手で持つ(実験台の上に置いてはいけない)。この際、ノズルの先端と瓶の中に入る部分には、手もしくは汚れの原因になるようなものが触れないようにする。

(3)　ポリタンク下部のコックを開け、必要量のイオン交換水をポリ洗瓶に分取する。

(4)　ポリタンクのコックを閉じ、ポリ洗瓶の栓をする。

A.2　ガラス器具の洗浄

　実験に使用するガラス器具が清浄でないと、採取した試料が器具からの汚れによって汚染される、あるいは試料が必要な体積や質量だけ採取できないといったことが起こる。したがって、実験には十分に洗浄したガラス器具を使用する必要がある。

　ガラス器具の洗浄法には、ブラシで汚れをこすり落とす機械的方法と洗浄液で汚れを分解する化学的方法がある。実験目的に応じて二つの方法を使い分けるが、ピペット、メスフラスコ、ビュレットといった容量分析用ガラス器具(測容器)は、化学的方法で洗浄しなければならない。機械的方法でガラス器具を洗浄する場合には、器具の内面だけでなく外面も清浄にしておくことが大切である。

A.3　ろ過

　適当なろ過材を用いて、液体と固体が不均一に混合した試料溶液(懸濁液)からそれぞれを分離する操作をろ過という。通常、ろ過材としてはろ紙を用い、四つ折りにした後に円錐形としロート内に装着する。試料溶液が相当量ある場合には、ろ過前にろ紙をイオン交換水で濡らして、ろ紙のロートへの密着性を良くする。

A.4　実験廃棄物の処理

　化学実験で出た廃棄物は、以下のように処理する。

実験廃液：実験台の上にある廃液瓶に一時的に保管し、実験終了後、指示に従って所定のポリ容
　　　　　器に回収する。

実験器具の洗浄液：1回目および2回目の洗浄液は実験廃液として扱う。3回目以降の洗浄液は
　　　　　流しに捨ててよい。なお、廃液が大量に出ないように、少量の水で効果的に洗浄するように
　　　　　工夫する。

使用済みのろ紙等：汚染紙として専用の箱に回収する。

A.5　ピペットの取り扱い

　化学実験ではホールピペット、メスピペット、駒込ピペットを使用する。ホールピペットは全量の採取、メスピペットは分割量の採取、駒込ピペットは全量と分割量の両方の採取に用いる。公差(表示体積と実際の採取体積の差)は駒込ピペットが最も大きく、ホールピペットが最も小さい。したがって、おおよその量の液体を採取する場合には駒込ピペットあるいはメスピペットを使用し、正確な量の液体を採取する場合にはホールピペットを用いる。なお、メスピペットで再現性良く分割量を採取するためには、常に目盛り0からの量を採取するようにする。

ピペットの先端は液体と接触する部分なので、手で触れてはいけない。使用中のピペットは、先端が他のものに接触しないような状態でピペット台にねかせておく。

A.5.1　安全ピペッターの取り扱い

ピペットで液体を採取する場合には、安全ピペッター(以下、ピペッター)を取り付けて操作する。ピペッターはピペットに装着して使用するゴム製の実験器具である。ピペッターでは、中空のゴム球の上下に管が出ており、下管には中ほどから枝管が出ている。上下の管および枝管の中にはガラス球が仕込んであり、そこを指で押しつぶすことにより、ガラス球の前後で空気の流通が可能になる(気圧が等しくなる)。ピペットは下管に装着して使用する。

・上管に仕込んであるガラス球の部分(上)を押さえると、ゴム球の中の気圧が大気圧に等しくなる。

・下管に仕込んであるガラス球の部分(下)を押さえると、ゴム球の中とピペットの中の間の気圧が等しくなる。

・枝管に仕込んであるガラス球の部分(枝)を押さえると、ピペットの中の気圧が大気圧に等しくなる。

A.5.2　ピペットによる液体の採取

一定体積の液体を測りとる器具を測容器という。測容器には受用(うけよう)と出用(だしよう)があり、ピペットは出用の測容器である。したがって、ホールピペットでは、標線まで吸い上げた液体をすべて流出させることによって、表示の体積が採取される。メスピペットや駒込ピペットでは、目盛り 0 まで吸い上げた液体を採取したい体積の目盛りまで流出させることによって、所定の体積が採取される。

A.5.3　マイクロピペットによる液体の採取

マイクロピペットでは、容量可変ダイヤルで採取容量を設定し、プッシュボタンを押すことで溶液の排出、戻すことで溶液の吸い上げを行う。具体的な操作法を以下に記す。

(1) ピペットチップの装着 (化学実験では、チップは既に取り付けられている)

(ア) 容量に応じたピペットチップを取り付ける。この際チップを素手で触らないよう注意する。

(2) ピペットチップ内の共洗い

(ア) 採取量を確認した後, プッシュボタンを第一ストップまで押し下げる。

(イ) ピペットを垂直に持ち、チップ先端を液面下約4 mmまで差し込み、プッシュボタンをゆっくり戻すことで液を吸い上げる。空気を吸い込まないようチップ先端は必ず液面の下にあること

を確認する。

（ウ）溶液の吸い込み吐出しを3回繰り返し、ピペットチップ内を洗う。

(3) 液体の吸引

（ア）プッシュボタンを第一ストップまで押し下げる。

（イ）ピペットを垂直に持ち、チップ先端を液面下約4 mmまで溶液に浸漬する。

（ウ）プッシュボタンをゆっくりと戻す。この際空気を吸引しないよう注意する。

（エ）溶液の容器の壁にチップの先端を当てながらゆっくりと液体から引き上げる。

(4) 液体の排出

（ア）チップ先端を排出容器（実験ではメスフラスコ）の壁に当てる。

（イ）プッシュボタンをゆっくりと第一ストップまで押し下げ、液体を排出させる。

（ウ）チップ内に残った液体を排出するため、第二ストップまで押し下げる。

（エ）プッシュボタンをそのままに、チップ先端を容器の壁から離す。

（オ）容器の外で、プッシュボタンをゆっくりと戻す。

(5) ピペットチップの取り外し（化学実験では、チップをリサイクルするため本操作は行わない）

（ア）エジェクトボタンを押してチップを外す。

A.6　ビュレットの取り扱い

　　ビュレットは任意の分割量を滴下するために用いる測容器である。ビュレットで再現性良く分割量を取るためには、常に同じ目盛（通常は目盛0）から所定の量までを滴下するようにする。

A.6.1　ビュレットの共洗い

　　ビュレットは空気中の汚れ、特に油性の汚れの付着を避けるために、使用後は内部にイオン交換水（以下、水）を満たしてある。そこで、水でぬれたビュレットに滴定用試薬溶液（以下、試薬溶液）をとる場合には、ビュレットの内部を試薬溶液で共洗いしてから使用する。以下に、共洗いの方法を示す。

(1) ビュレット内部の水を流しに自然排出する。

(2) ビーカーに試薬溶液を 10 cm³ 程度とる。

(3) ビュレットの活栓が閉じていることを確認してから、ビーカーからビュレットに試薬溶液を移す。

(4) ビュレットを横に傾けて試薬溶液で内面を残さず濡らす。この際、ビュレットの上端を指で塞ぐようなことはしない。

(5) ビュレット内部の試薬溶液を廃液瓶に自然排出する。

(6) (2)～(5)の操作を繰り返す。

A.7 天秤の取り扱い

　実験室には分析電子天秤と上皿電子天秤が用意してある。いずれも分銅の代わりに電磁石を用い、試料にかかる重力と電磁気力との釣合いから質量を求める。支点の部分はナイフの刃のようになっており、これが磨耗すると測定精度が落ちる。そのため、丁寧に扱わなければならない。

　実験室の分析電子天秤は最大秤量が 200 g、読み取り限度が 0.1 mg、上皿電子天秤は最大秤量が 400 g、読み取り限度が 0.01 g である。したがって、試料の質量を 0.1 mg の桁まで正確に秤量(精秤)する場合には分析電子天秤を使用する。おおよその質量の試料を上皿電子天秤ではかり取った後、分析電子天秤でその質量を精秤するというように使い分ける。なお、いずれの場合でも最大秤量値を超える質量のものを皿にのせてはいけない。

A.7.1 上皿電子天秤の操作法

　大気中で安定な固体試料を 0.01 g までの精度で秤量あるいは秤取する場合には、薬包紙を用いて上皿電子天秤ではかり取る。

(1)上皿電子天秤(以下、天秤)の電源を ON にし、表示が「0.00」であることを確認する。「0.00」となっていない場合には、「zero」ボタンを 1 回押して「0.00」にする。

(2)皿の中心に薬包紙(対角線で四つ折りしてから開いたもの)をのせる。

(3)表示が安定したら、再度「zero」ボタンを押して表示を「0.00」にする(「0.00」にならなかったら、もう一度押す)。この操作を「tare(風袋の質量の差し引き)」という。

(4)試薬瓶から試薬を薬さじに取り、こぼさないように注意して薬包紙の真上にもってくる。薬さじの柄の部分の中ほどに指先で小さな振動を与えながら薬包紙に移す。

(5)天秤の表示値を記録する。

(6)薬包紙を天秤の皿から下ろす。「zero」ボタンを押して天秤の表示が「0.00」になっていることを確認してから、電源を OFF にする。

A.7.2 分析電子天秤の操作法

　分析電子天秤は 0.0001 g までの質量を測定する機器であるので、以下の点に注意して使用する。

・試料の秤量だけに用い、試料の秤取には用いない。

・試料の秤量には、秤量瓶を原則として使用し、薬包紙は使用しない。薬包紙は吸湿性があり、秤量中に表示値が変動するためである。

・大気中で安定な試料の秤量には、秤量瓶の代わりに乾いたビーカーを使用してもよい。

・試料および容器の温度は、分析電子天秤が置いてある部屋の温度と一致させる。

・容器は、乾燥したきれいな手ならば直接持ってもよい。

(1) 分析電子天秤(以下、天秤)のすべてのガラス扉が閉まっていることを確認した後、電源を ON にし、表示が「0.0000」であることを確認する。「0.0000」となっていない場合には、手前のバーを下に 1 回押して「0.0000」にする。

(2) 天秤の横のガラス扉を開け、乾燥した空(から)のビーカーを天秤の皿の中央に静かにのせ、扉を閉める。

(3) 表示窓の左下のスポットが消えたら、手前のバーを下に 1 回押して表示を「0.0000」にする。この操作も「tare(風袋の質量の差し引き)」である。

(4) 天秤の横のガラス扉を開けてビーカーを取り出し(このとき、表示窓にはビーカーの質量が負の値で表示される)、試薬をビーカーに入れる。再度、ビーカーを天秤の皿の中央に静かにのせ、扉を閉める。

(5) 表示窓の左下のスポットが消えたら、表示値を記録する。この値がビーカーの質量を差し引いた試薬の質量となる。

(6) 天秤の横のガラス扉からビーカーを取り出し、扉を閉める。手前のバーを下に 1 回押して表示が「0.0000」になっていることを確認してから、電源を OFF にする。

A.8 水溶液の調製

試薬水溶液は、水に溶解した試薬をメスフラスコで標線まで水で希釈して調製する。その場合に留意すべき点は、

・実験目的に応じて、試薬の規格(特級試薬、1 級試薬など)(注)を選択する。

・水に溶解すると発熱や吸熱する場合は、液温と室温が一致するまで待ってから水で標線まで希釈する。

・調製後時間の経過とともに変質しやすい溶液は、その都度必要な量だけ調製する。

また、調製した溶液の保存にあたって留意すべき点は、

・光や温度の影響を受け易い溶液は、褐色瓶に入れて暗所に保存するか、化学薬品専用の冷蔵庫に保存する。

・安定な溶液であっても長期間保存する場合は、栓のスリ合わせ部分からの水の蒸発に注意する。

・長期間保存した溶液を使用する場合、蒸発した水が試薬瓶の上部に水滴としてたまることがあるので、試薬瓶をよく振り混ぜてから使用する。

（注）規格によって、試薬は官封試薬、JIS 試薬等に分類される。官封試薬は、経済産業省工業品検査所で検定され、純度が保証された試薬で、定量分析用標準物質等がこれに含まれる。JIS 試薬は、JIS 指定工場で生産され、JIS 指定を受けた試薬で、品位によって特級試薬、1 級試薬がある。

A.8.1　分注器の操作法

分注器は一定体積の液体を連続して迅速に採取する場合に用いる。目盛精度が±1%であるから、正確な体積の液体を採取する場合には使用しない。

(1) 分注器のピストンを止まるまで押し下げた状態で、流路に気泡が入っていないことを確認する。気泡が入っている場合には、ピストンを上下して気泡を流路から追い出す。

(2) ピストンを止まるまで押し下げた状態で、ストッパーが所定の位置にセットしてあることを確認する。他の位置にセットしてある場合には、ストッパーのねじを緩めてセットし直す。

(3) 流出口にビーカー等の容器を近づけ、ストッパーが外筒のリムに当たるまで、ピストンをゆっくりと引き上げる。

(4) ピストンを止まるまでゆっくりと押し下げ、試料溶液を採取する。

A.8.2　メスフラスコの取り扱い

(1) ビーカー内に用意した試料溶液をメスフラスコに入れる。空（から）になったビーカーに少量の水を加え、それをメスフラスコに入れる。この作業を3回程度繰り返す。

(2) 標線近くまで水を加えた後、メスフラスコの首の上部を左手で持ち、目線の高さに標線の位置を合わせる(液温が上昇するので、メスフラスコの膨らんだ下部を手で持ってはいけない)。最後は、ポリ洗瓶の先端にためた水を利用して標線に合わせる。

(3) メスフラスコに栓をして、逆さにして十分に撹拌して溶液を均一にする。標線に合わせる前にこの操作をしてはならない。

A.8.3　濃度の計算

一定質量の溶質をメスフラスコで溶液とする場合、濃度は一定体積の溶液に含まれる溶質の物質量すなわちモル濃度で表示することになる。モル質量(式量もしくは分子量に $g \, mol^{-1}$ の単位を付した値)が M（$g \, mol^{-1}$）の溶質を w（g）採取し、それを V（dm^3）のメスフラスコに移して溶解し、

水で定容にして調製した溶液の濃度 C （mol dm^{-3} ＝ M）は

$$C = (w/M) / V \qquad (4)$$

で与えられる。

　溶液の濃度をファクターという値を用いて表示する場合がある。ファクターfとは

$$f = （実際に調製した濃度）/（調製しようとした濃度） \qquad (5)$$

で定義される値である。今、0.1000 M の塩化ナトリウム（式量 58.443）溶液を調製しようとしたところ、採取した塩化ナトリウムの質量が 5.864 g であったとする。この塩化ナトリウムを 1 dm^3 のメスフラスコ中に溶解して調製した塩化ナトリウムの濃度は

$$C = 5.864/58.443 = 0.1003 \text{ M} \qquad (6)$$

となるので（有効数字が 4 桁であることに注意）、この溶液のファクターは

$$f = 0.1003/0.1 = 1.003 \qquad (7)$$

となる。ファクターを用いてこの溶液の濃度を表すと、0.1 M、f = 1.003 となる。

　実験に使用する試薬溶液はこのように濃度が表示されている場合があるので、記録には注意をしなければならない。

こうがくきそかがくじっけん
工学基礎化学実験

2010 年 3 月 20 日　第 1 版　第 1 刷　発行
2024 年 3 月 20 日　第 14 版　第 1 刷　印刷
2024 年 3 月 30 日　第 14 版　第 1 刷　発行

しずおかだいがくこうがくぶ
編　　　者　静岡大学工学部
きょうつうこうざかがくきょうしつ
　　　　　　共通講座化学教室

発 行 者　発田和子

発 行 所　株式会社　学術図書出版社

〒 113－0033　東京都文京区本郷 5 丁目 4－6
TEL 03－3811－0889　振替 00110－4－28454
印刷　三和印刷（株）

定価は表紙に表示してあります.

提出用紙

1. 陰イオンの定性分析「予習課題」

課題提出日 　　　　　　　年　　　月　　　日（　　曜日）

学　　科 _____ 学科

学籍番号 _____　氏名 _____

　次の塩のうち、沈殿しやすいもの（難溶性のもの）に○をつけよ。

AgNO$_3$

AgCl

NaCl

BaSO$_4$

BaCO$_3$（酸性溶液中）

BaHPO$_4$（アルカリ性溶液中）

分注器の使用上の注意点について記せ。

持ち物チェック

保護メガネ　　テキスト　　実験ノート　　靴の着用

2. 比色分析「予習課題」

課題提出日 　　　　　　年　　　月　　　日（　　曜日）

学　　科 ＿＿＿＿＿＿＿＿＿学科

学籍番号 ＿＿＿＿＿＿＿＿＿＿＿＿　氏名 ＿＿＿＿＿＿＿＿＿＿＿＿＿＿

次の(1)、(2)に答えよ。

(1) 真ちゅう釘の主成分を一つあげよ。

(2) ヘキサアクア銅(II)イオンとテトラアンミン銅(II)イオンのイオン
　　式をそれぞれ書け。

持ち物チェック

保護メガネ　　テキスト　　実験ノート　　靴の着用

3. 反応速度と活性化エネルギー「予習課題」

課題提出日　　　　　　年　　　月　　　日（　　曜日）

学　　科 _____ 学科

学籍番号 _____　氏名 _____

　頻度因子 2.0×10^{-1} s^{-1}、活性化エネルギー 10 kJ mol^{-1} の反応がある。0 ℃および 100 ℃における反応速度定数を計算せよ。

持ち物チェック

保護メガネ　　　テキスト　　　実験ノート　　　靴の着用

4．緩衝作用「予習課題」

課題提出日 　　　　　　年　　　月　　　日（　　曜日）

学　　科 ＿＿＿＿＿＿＿＿＿学科

学籍番号 ＿＿＿＿＿＿＿＿＿＿＿＿　氏名 ＿＿＿＿＿＿＿＿＿＿＿＿＿＿＿

次の(1)、(2)に答えよ。

（1）　酸と塩基の反応を一般に何というか。

（2）　pH の定義を式で表わせ。

持ち物チェック

保護メガネ　　テキスト　　実験ノート　　靴の着用

5. 第一原理シミュレーション「予習課題」

課題提出日 　　　　　　年　　　月　　　日（　　曜日）

学　　科 ＿＿＿＿＿＿＿＿＿学科

学籍番号 ＿＿＿＿＿＿＿＿＿＿　　氏名 ＿＿＿＿＿＿＿＿＿＿＿＿＿

Diels-Alder 反応について下の反応を例に説明せよ。その際 HOMO、LUMO の単語を用いること。HOMO は Highest Occupied Molecular Orbital、LUMO は Lowest Unoccupied Molecular Orbital の略である。

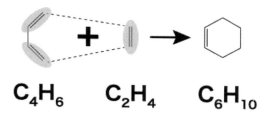

C_4H_6　　C_2H_4　　C_6H_{10}

持ち物チェック

テキスト　　実験ノート　　靴の着用

6. 色素「予習課題」

課題提出日 　　　　　年　　　月　　　日（　　曜日）

学　　科 _____学科

学籍番号 _____　氏名 _____

次の(1)、(2)に答えよ。

(1) カップリング反応について説明せよ。

(2) 2-ナフトールオレンジの構造式および合成の反応式を書いてみよ。

持ち物チェック

保護メガネ　　テキスト　　実験ノート　　靴の着用

7. 有機化学演習「予習課題」

課題提出日   年   月   日（   曜日）

学   科 _____ 学科

学籍番号 _____   氏名 _____

次の分子の電子式と構造式を非共有電子対も含めて示せ。

（1）メタン   （2）アンモニア

（3）水

持ち物チェック

テキスト   **実験ノート**   **靴の着用**

1. 陰イオンの定性分析「当日レポート」

実施日　　　　　年　　月　　日（　曜日）

	検印 表1	検印 表2

学　　科 _____

学籍番号 _____　氏名 _____

1.3.1　　　　　表1　無機陰イオンの個別反応

	1.3.1.1	1.3.1.2	1.3.1.3	1.3.1.4
Cl^-				
CO_3^{2-}				
PO_4^{3-}				
SO_4^{2-}				

1.3.2　　　　Cl^-の確認 □　　　　PO_4^{3-}の確認 □　　　　SO_4^{2-}の確認 □

1.3.3　　　　　表2　無機陰イオン未知試料の分析

	あ	い	う
Cl^-			
PO_4^{3-}			
SO_4^{2-}			

窒素を通気することによって、溶液内で何が起こっているのかについて記せ。

5. 第一原理シミュレーションの「当日レポート」

実施日　　　　　　年　　　月　　　日（　　曜日）

学　科 _____

学籍番号 _____ 氏名 _____

	検印	検印	検印
	5.3.1	5.3.2.1	5.3.2.2

5.3.1 ナフタレン分子のニトロ化

α 型の全エネルギー： _____（　　　　　）、計算レベル： _____

β 型の全エネルギー： _____（　　　　　）、計算レベル： _____

ナフタレン分子の HOMO の波動関数で大きな振幅を持っているサイトに丸をつけ、フロンティア軌道理論の立場から、α 型が生成物として優勢である理由を説明せよ。

（ヒント）HOMO は電子ドナーである。

5.3.2 ディールス・アルダー反応

5.3.2.1　　表1　cis 型ブタジエンとエチレンのディールス・アルダー反応

	cis 型ブタジエン	エチレン	シクロヘキセン
計算レベル			
HOMO	（　　　）	（　　　）	（　　　）
LUMO	（　　　）	（　　　）	（　　　）
全エネルギー	（　　　）	（　　　）	（　　　）

5.3.2.2　エンド型とエキソ型の立体選択性

エンド型の全エネルギー： _____（　　　　　）、計算レベル： _____

エキソ型の全エネルギー： _____（　　　　　）、計算レベル： _____

立体ひずみの大きな構造を持っているのはどちらか？ _____

熱力学優勢生成物はどちらか？ _____

7. 有機化学演習「当日レポート」

実施日　　　　年　　　月　　　　日　（　　　曜日）

学　　科 _____　学籍番号 _____

氏　　名 _____

検印	検印
演習 7.1	演習 7.2

演習 7.1「分子模型」

7.1.3.1　メタン分子の作成とスケッチ

スケッチ

共有電子対の数：　　　　　　非共有電子対の数：　　　　　　分子の形：

7.1.3.2　アンモニア分子作成とスケッチ

スケッチ

共有電子対の数：　　　　　　非共有電子対の数：　　　　　　分子の形：

7.1.3.3 水分子の作成とスケッチ

スケッチ

共有電子対の数： 　　　非共有電子対の数： 　　　分子の形：

7.1.3.4 三フッ化ホウ素分子の作成とスケッチ

スケッチ

共有電子対の数： 　　　非共有電子対の数： 　　　分子の形：

演習 7.2「1CD Linux "Knoppix 5.1" による分子モデリングと分子力場計算」

	化合物名	エネルギーの値
化合物群 A		
化合物群 B		
化合物群 C		

（単位も忘れずに書くこと）

1. 陰イオンの定性分析「点検表」

日付	学籍番号	氏　　名	検印
／			

・実験を始める前に、器具の数が揃っているかを点検しながら器具類の名称を覚える。

・足りない物品がある場合は担当者に申し出る。

器具・試薬（個数／名）	実験前		実験後	
5 cm³ 試験管 （7／1 名）	7		7	
試験管立て （1／1 名）	1		1	
ポリロート （1／1 名）	1		1	
1 cm³ ポリ駒込ピペット （1／1 名）	1		1	
試験管洗浄ブラシ （1／1 名）	1		1	
ポリ洗瓶 （1／1 名）	1		1	
ろ紙 No.5C （1 箱／2 名）	1		1	
0.2 M 塩化ナトリウム溶液入り滴瓶 （1／2 名）	1		1	
0.2 M 炭酸水素ナトリウム溶液入り滴瓶 （1／2 名）	1		1	
0.2 M リン酸二水素ナトリウム溶液入り滴瓶 （1／2 名）	1		1	
0.2 M 硫酸ナトリウム溶液入り滴瓶 （1／2 名）	1		1	
1 M 硝酸銀溶液入り滴瓶 （1／2 名）	1		1	
1 M 塩化バリウム溶液入り滴瓶 （1／2 名）	1		1	
3 M アンモニア緩衝液入り滴瓶 （1／2 名）	1		1	
6 M 硝酸溶液入り滴瓶 （1／2 名）	1		1	
廃液瓶 （1／2 名）	1		1	
ろ紙捨て容器、ピンセット （1／4 名）	1		1	
器具の洗浄・水切り・実験台の清掃				

・実験が終わったら再度点検をして、破損した器具は担当者に申し出て補充する。

・担当者の点検を受けるまでは帰らない。

2. 比色分析「点検表」

日付	学籍番号	氏　名	検印
／			

・実験を始める前に、器具の数が揃っているかを点検しながら器具類の名称を覚える。

・足りない物品がある場合は担当者に申し出る。

器具・試薬（2人当たりの個数）	実験前		実験後	
安全ピペッター	1		1	
ポリ洗瓶	1		1	
プラスチック製角セル（光路長1.0 cm）	6		6	
コニカルチューブ	1		1	
ビーカー　50 cm³	1		1（替）	
メスフラスコ　25 cm³	4		4	
メスフラスコ　100 cm³	1		1	
ホールピペット　10 cm³	1		1（替）	
マイクロピペッター	3		3	
セルスタンド	1		1	
分光光度計	1		1	
ホットプレート　　ドラフト内　　　　　　共用				
真ちゅう釘　　　　　　　　　　天秤そば				
0.05 M CuSO₄　（水溶液大型ポリ容器）　共用				
6M アンモニア水（分注器）ドラフト内　　共用				
8 M 硝酸（分注器）ドラフト内　　　　　共用				
廃液瓶				
廃液瓶中の廃液の処理				
器具の洗浄・水切り・実験台の清掃	1		1	

・実験が終わったら再度点検をして、破損した器具は担当者に申し出て補充する。

・実験後の左欄に（替）が付いたガラス器具は、決められたトレイにまとめ、乾いた器具一式と取り替える。

・担当者の点検を受けるまでは帰らない。

3. 反応速度定数と活性化エネルギー「点検表」

日付	学籍番号	氏　　名	検印
／			

・**実験を始める前に、器具の数が揃っているかを点検しながら器具類の名称を覚える。**

・**足りない物品がある場合は担当者に申し出る。**

器具・試薬 （2 人当たりの個数）	実験前	実験後	
恒温槽	1	1	
ガスビュレット（水準管付）	1	1	
メスピペット　　　2 cm^3	1	1（替）	
ホールピペット　　　10 cm^3	1	1（替）	
反応管（過酸化水素分解槽）	2	2（替）	
安全ピペッター	1	1	
ピペットコントローラー	1	1	
ストップウォッチ	1	1	
プラスチック製ビーカー	1	1	
鉄ミョウバン溶液 （0.2 M）	1	1	
過酸化水素水（約 1%）	1	1	
廃液瓶中の廃液の処理			
器具の洗浄・水切り・実験台の清掃			
デジタル温度計	1		
テフロン回転子	2		

・**実験が終わったら再度点検をして、破損した器具は担当者に申し出て補充する。**

・**実験後の左欄に（替）が付いたガラス器具は、決められたトレイにまとめ、乾いた器具一式と取り替える。**

・**担当者の点検を受けるまでは帰らない。**

4. 緩衝作用「点検表」

日付	学籍番号	氏　　　名	検印
／			

・実験を始める前に、器具の数が揃っているかを点検しながら器具類の名称を覚える。

・足りない物品がある場合は担当者に申し出る。

器具・試薬 （1人当たりの個数）	実験前		実験後	
安全ピペッター	1		1	
ポリ洗瓶	1		1	
テフロン回転子	1		1	
ビーカー　50 cm³	1		1（替）	
コニカルビーカー　200 cm³	1		1	
ホールピペット　10 cm³	1		1（替）	
ビュレット　25 cm³（スタンド付き）	1		1	
pH メーター	1		1	
スターラー	1		1	
酢酸水溶液(0.1 mol dm⁻³)	1		1	
水酸化ナトリウム水溶液(0.1 mol dm⁻³)	1		1	
フェノールフタレイン指示薬(滴瓶)　共用(実験台に1個)	1		1	
キムワイプ　　　　　　　　共用(実験台に1個)	1		1	
廃液瓶中の廃液の処理				
器具の洗浄・水切り・実験台の清掃				

・実験が終わったら再度点検をして、破損した器具は担当者に申し出て補充する。

・実験後の左欄に(替)が付いたガラス器具は、決められたトレイにまとめ、乾いた器具一式と取り替える。

・担当者の点検を受けるまでは帰らない。

5．第一原理シミュレーション「点検表」

日付	学籍番号	氏　　名	検印
／			

- ・実験を始める前に、器具の数が揃っているかを点検しながら器具類の名称を覚える。
- ・足りない物品がある場合は担当者に申し出る。
- ・実験が終わったら再度点検をして、破損した器具は担当者に申し出て補充する。
- ・担当者の点検を受けるまでは帰らない。

すべての計算が終了し、担当者から3つの検印をもらったら、<u>担当者立ち会いのもと</u>以下の作業を行う。

1．ブラウザ上部の「TOP」から「計算した分子リスト」をクリックする。
2．本演習で計算をした分子のリストが表示されるので「削除」を押す。
3．本当に良いですか？と聞かれるので「はい」を押す。
4．1-3の作業をすべての分子に対して繰り返す。
5．ブラウザ上部の「TOP」から「ログアウト」をクリックする。

6. 色素「点検表」

日付	学籍番号	氏　　名	検印
／			

・実験を始める前に、器具の数が揃っているかを点検しながら器具類の名称を覚える。

・足りない物品がある場合は担当者に申し出る。

器具・試薬（2人当たりの個数）	実験前		実験後	
目盛付き試験管	2		2	
桐山ロート	1		1	
ろ過瓶	1		1	
アダプタ（白色シリコンゴム製）	1		1	
ビーカー　　　　　50 cm³	3		3	
ビーカー　　　　100 cm³	1		1	
白色ホウロウ容器	1		1	
さじ	1		1	
ガラス棒	2		2	
ピンセット	1		1	
試験布　　　　　　　　　（プラスチック容器内）	2		0	
薄茶色のペーパータオル	1		0	
新聞紙	2		0	
ティッシュペーパー	2		0	
ホットプレート付きスターラー	1		1	
ろ紙（白色箱入り、1箱）　（プラスチック容器内）				
薬包紙				
スルファニル酸　　　　　（実験台トレイ内）				
無水炭酸ナトリウム　　　（実験台トレイ内）				
亜硝酸ナトリウム　　　　（実験台トレイ内）				
食塩　　　　　　　　　　（実験台トレイ内）				
滴瓶入り飽和食塩水　　　（実験台に1つ）				
洗びん				
ブラシ				
10%硫酸水溶液　　　　　（ドラフト内分注器）				
8%水酸化ナトリウム水溶液　（ドラフト内分注器）				
電子天秤　　　　　　　　（窓際）				
2-ナフトール　　　　　　（電子天秤のそば）				
器具の洗浄・水切り・実験台の清掃				

・実験が終わったら再度点検をして、破損した器具は担当者に申し出て補充する。

・担当者の点検を受けるまでは帰らない。

7. 有機化学演習「点検表」

日付	学籍番号	氏　　名	検印
／			

・分子模型を始める前に、パーツの数が揃っているかを点検する。足りないパーツがある場合は担当者に申し出る。

・オンラインで実施する場合は、分子模型を使用しないので、点検表の作成と提出を行う必要はない。

分子模型パーツ・配布物（1人当たりの個数）	演習前		演習後	
黒玉（炭素原子）	1		1	
青玉（窒素原子）	1		1	
赤玉（酸素原子）	1		1	
水色玉（水素原子）	9		9	
緑色p軌道板（非共有電子対）	3		3	
オレンジ色玉（ホウ素原子）	1		1	
緑色玉（フッ素原子）	3		3	
結合用棒	12		12	

・分子模型終了後にパーツの数がそろっているかを点検する。足りないパーツがある場合はよく探し、どうしても見つからない場合は担当者の指示に従う。

・担当者の点検を受けるまで帰らない。

・オンラインで実施する場合、別途指示された方法に従い、有機化学演習の実施環境を整えること。

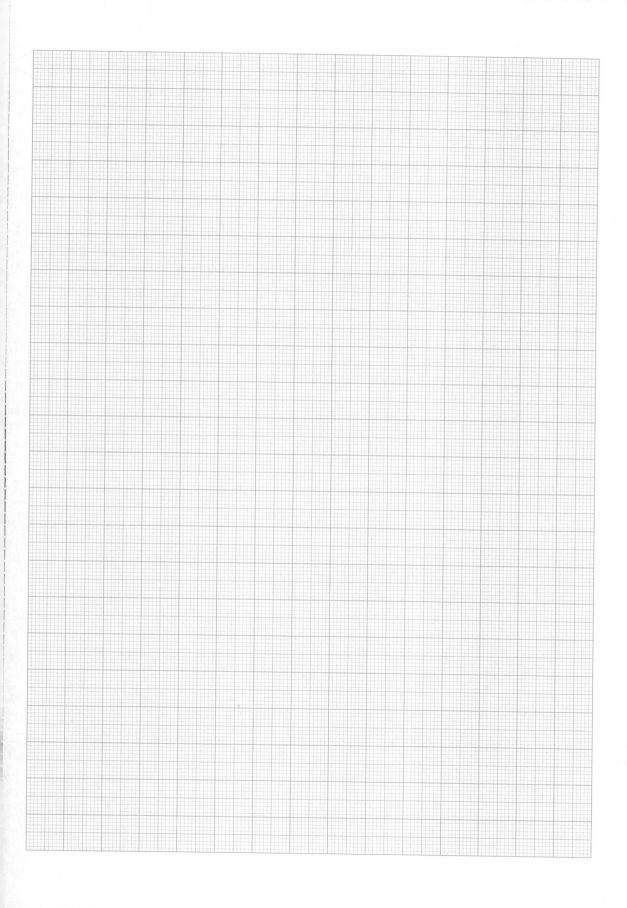